Die größten Irrtümer in der Hundeerziehung

Die Autoren:

Gerhard Wiesmeth, geboren 1965 in der Oberpfalz, lebt seit 2009 in Niedersachsen.
1999 entwickelt er das Speechless-Dogtraining-System, bekannt unter dem Namen S.D.T.S.®. Der nonverbale und hilfsmittelfreie Umgang mit Hunden wurde durch Gerhard Wiesmeth in Deutschland etabliert, er leitet das Ausbildungsinstitut Hundewelten, welches Gebrauchshundeausbilder und Problemhundetherapeuten ausbildet.

Stefanie Weinrich, geboren 1980 in Nordrhein-Westfalen, lebt seit 2009 in Niedersachsen. Sie ist Problemhundetherapeutin, Gebrauchshundeausbilderin sowie Hundeernährungsberaterin. Gemeinsam mit Gerhard Wiesmeth leitet sie das Ausbildungsinstitut Hundewelten. Stefanie Weinrich hat sich in der Hundeszene durch zahlreiche Veröffentlichungen und die DVD-Reihe »Hundeerziehung mit System« einen Namen gemacht.

Die größten Irrtümer in der Hundeerziehung

... aber sonst ist er lieb

In der Hundeerziehung macht Jeder, was er will,
Keiner, was er soll, aber alle machen mit

Bibliografische Information der Deutschen Nationalbibliothek
Die Deutsche Nationalbibliothek verzeichnet diese Publikation in der Deutschen Nationalbibliografie; detaillierte bibliografische Daten sind im Internet über http://dnb.d-nb.de abrufbar.

Satz, Herstellung und Verlag:
BoD™ – Books on Demand GmbH, Norderstedt
ISBN 978-3-8448-3048-4

Einbandgestaltung: Gerhard Wiesmeth
Logo: Hundewelten Deutschland

Bildquellen (nach § 13 UrhG): Fotolia, iStockphoto.com

Inhalt

Der Hund

Das Spiegelbild der erzieherischen Defizite des Menschen
Die Frage ist nicht: Wer hat Schuld?
Die Frage ist: Von wem geht Veränderung aus?

Schön, dass Sie sich für dieses Buch entschieden haben. Wir haben es verfasst, weil wir ahnungslose Hundehalter darüber aufklären möchten, welche unsinnigen Tipps, Methoden und Hilfsmittel unter dem Deckmantel kompetenter Hundeerziehung vermittelt werden. Auf den nächsten Seiten berichten wir, was uns im Laufe unserer Tätigkeit als zertifizierte Problemhundetherapeuten bei Hundewelten alles untergekommen ist. Sie werden uns am Ende dieses Buches sicher zustimmen, wenn wir sagen: Man muss die Tatsachen kennen, um sie verdrehen zu können!
Ob Sie nach dem Lesen dieses Werkes noch lachen können oder über die ernüchternde Wahrheit weinen, hängt davon ab, wie

ehrlich Sie zu sich selbst sind. Wir möchten Sie durch den Inhalt keinesfalls von irgendetwas überzeugen, wir bitten Sie nur, die rosarote Brille für einen Moment abzusetzen.
Sollten Sie als Hundetrainer, Hundepsychologe, Dog-Communicator, Personal Dog-Trainer, Hundeprofi, Hundeausbilder, Kynologe oder Ähnlichem tätig sein und mit nachfolgend beschriebenen Hilfsmitteln oder Methoden arbeiten, dann atmen Sie tief durch, denn wir dürfen behaupten, Ihre Arbeitsgrundlage wird durch die hier beschriebenen Tatsachen nicht mehr dieselbe sein. Sollten Sie wider Erwarten ganz anderer Meinung sein und alles für übertrieben und unsinnig halten, empfehlen wir Ihnen, das Buch nochmals zu lesen. Wenn Sie sich durch den Inhalt persönlich angegriffen fühlen, so ist dies nicht unsere Absicht, wir möchten lediglich Hundehalter wachrütteln und zum Wohle des Hundes vor unqualifizierten »Hundeexperten« und dem Einsatz von noch unsinnigeren Hilfsmitteln schützen!

Der Hund hat kein Problem mit seinem Menschen, der Mensch hat ein Problem mit seinem Hund.

Schluss mit den selbsternannten Hundeexperten, die seit Jahrzehnten den völlig verzweifelten und zur Untätigkeit verdammten Hundehaltern das Geld aus der Tasche ziehen und mit absolut dilettantischen und absurden Methoden versuchen, deren Vierbeiner zu erziehen bzw. zu therapieren. Hundeschulen und Hundeprofis sprießen wie Pilze aus dem Boden und suggerieren eine gewalt- und stressfreie Erziehung oder Umerziehung des Hundes, wobei wir doch alle wissen, dass es eigentlich der Hundehalter ist, der therapiert werden müsste. Aber gerade diese Wahrheit vertragen viele pseudokompetente Hundespezialisten nicht.
Es ist ja schließlich der Hilfe suchende Hundehalter, der das Geld bringt, und dabei ist es unerheblich, ob der Hund in Wirklichkeit

völlig natürlich reagiert, wurde ihm doch nichts anderes beigebracht. Mit unzähligen, eigens dafür erfundenen und hochgelobten Erziehungsmethoden wird heute geworben, viele davon so unsinnig wie die Vorstellung, dem Hund schlechte Angewohnheiten wegerziehen zu wollen, ohne ihm nicht gleichzeitig weiteres Problemverhalten einzuimpfen.
Während ein Großteil der Hundebesitzer an den Auswirkungen, statt an den Ursachen von unerwünschtem Hundeverhalten, herumtherapiert, ist es für angebliche Hundespezialisten, Kynologen oder ähnlichen nichtssagenden Titelträgern ein Leichtes, die noch naiveren Hundebesitzer mit uralten oder selbsterfundenen Praktiken zu ködern. Auch die Gurus in der Hundeszene sind nicht besser als ihre Amateurkollegen, sind sie weder in der Lage, ihr Wissen und ihr angebliches Können verständlich weiterzuvermitteln, noch verfügen sie über außerordentliche oder besondere Fähigkeiten. Vielmehr wird ein großes Geheimnis daraus fabriziert, um Rat suchende Hundebesitzer zu beeindrucken und diese für teures Geld in Lehrgänge, Kurse und Vorträge zu bekommen. Die Schlimmsten unter ihnen aber sind diejenigen, die Hunde nicht mehr ohne entsprechende Hilfsmittel trainieren wollen und zu völlig absurden Gerätschaften wie Reizstromgeräten oder Stachelhalsbändern greifen müssen, um einem ohnehin schon falsch erzogenen Hund überhaupt eine Reaktion zu entlocken. Wieder andere verwenden Klickgeräte, um den Hund zu bestätigen, obgleich der Mensch außer seiner Stimme, seiner Körpersprache und seinem natürlichen Verständnis Hunden gegenüber nichts dergleichen für eine Bestätigung benötigt. Sollte man nicht einmal darüber nachdenken, was wirklich Sinn und Zweck der Hundehaltung und Hundeausbildung ist? Hier bedarf es schon mehr als Methoden und Techniken, um ein Raubtier in das menschliche Kollektiv zu integrieren.
Eine globale Hundereform täte derzeit not, um überhaupt ein

Umdenken zu ermöglichen. Ein Grundgesetz, eine Norm, eine allgemeingültige und grundlegende Form für Hund und Halter. Wenn es beispielsweise darum geht, dem Hund das Kommando »Sitz« beizubringen, dann muss es primär darum gehen, WIE man dem Hund »Sitz« beibringt. Nach dem Motto »Das war so, das ist so, das wird immer so sein« haben Hundetrainer, Hundevereine und Hundeexperten in den letzten Jahrzehnten nichts dazugelernt. Leider ändert auch die Fülle an neuen spektakulären Trainingsmethoden nichts an der Tatsache, dass alle Ausbilder nur mit »Wasser kochen«. Übrigens kann der Hund bereits »Sitz«, kurz nachdem er zur Welt kommt. Die Frage ist: Wie kann der Mensch diese bereits vorhandene Veranlagung abrufen? Das Wesen des Hundes hat sich nicht verändert, obgleich viele dies behaupten. Vielmehr hat der Mensch verlernt, richtig zu agieren bzw. zu reagieren. Nicht alle Trainingsmethoden für Hunde sind schlecht, aber es kann einem schlecht werden, wenn man derart unfähige Menschen und ihre neuen, tollen Methoden in Theorie und Praxis betrachtet. Da werden Strategien und Taktiken zusammengeschustert, was das Zeug hält, und wenn der Hund aus dem Rahmen fällt, wird er so lange gebogen, bis er wieder der Norm entspricht. Leider bleiben dabei einige Tiere auf der Strecke, aber das macht ja nichts bei über 5 Millionen Hunden in Deutschland und überfüllten Tierheimen. Hauptsache, der Hund funktioniert so, wie Herrchen oder Frauchen sich das vorstellen. Hier werden dann auch gerne die bemitleidenswerten Hunde aus dem ach so bösen Ausland importiert, als wenn wir in Deutschland nicht genug Hunde in armseligen und bemitleidenswerten Zuständen hätten.

Definition: Der Haushund (Canis lupus familiaris) gehört zu den Raubtieren, dort zur Überfamilie der Hundeartigen (Canoidea), Familie: Hunde (Canidae), Gattung: Canis, Unterart: Haushund.

Wenn Hunde sprechen …

… aber Menschen dies falsch interpretieren, bedeutet es für das Individuum Hund oftmals eine endlose Odyssee. Das Raubtier »Canis lupus familiaris« studiert den Menschen nun bereits seit mehr als 15.000 Jahren und hat sich dessen Schwächen zunutze gemacht, um sein Überleben zu sichern. Die Anpassungsfähigkeit unserer heutigen Haushunde ist ein Meisterwerk der Evolution und damit der trieblichen Überlegenheit. Der Mensch, ausgerüstet mit phänomenaler Verbalakrobatik und treffsicherem Verstand, hat es dennoch bis heute nicht geschafft, den primitiven Beutegreifer Hund auch nur annähernd zu verstehen. Mit völlig absurden wissenschaftlichen Thesen unterstellt man ihm humanistische Züge, vergewaltigt ihn mit menschlichen Emotionen und maßt sich an, seine Beweggründe genau zu kennen, obwohl noch nicht einmal die einfachsten körpersprachlichen Muster von Menschen richtig

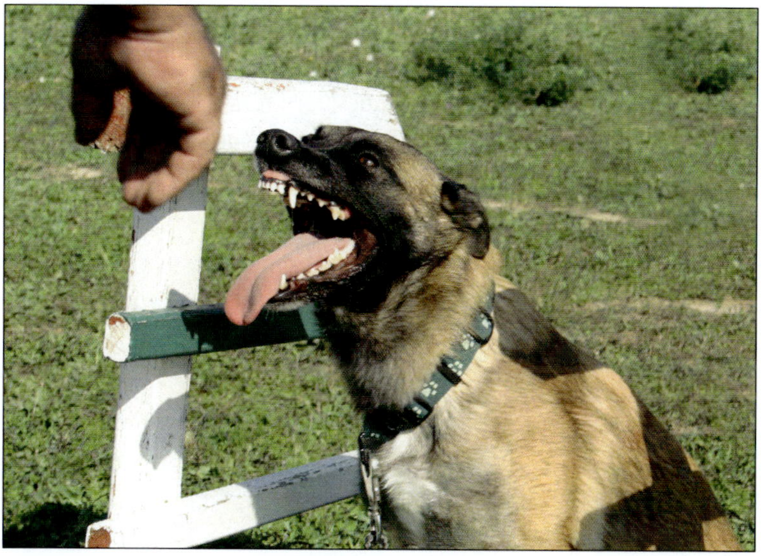

gedeutet werden. Innerartliche Gestik und Mimik werden fehlinterpretiert. Gegensätzliche Empirie von erkenntnisresistenten Fachleuten wird an noch ahnungslosere Hundehalter vermittelt, die nichts Besseres zu tun haben, als all diese Methoden, Techniken und Tipps unreflektiert zu übernehmen. Das Nachsehen hat in diesen Fällen immer der Hund, der sich gegen solch artfeindliche Behandlung nur bedingt wehren kann. Man müsste sich lediglich mal die Mühe machen, eine Meute vermeintlich »spielender« Hunde ein paar Minuten lang zu beobachten und deren Treiben biologisch, objektiv und neutral zu bewerten. Schnell würde man feststellen, dass die Deutungen und Erkenntnisse vieler Verhaltensbiologen, Tierpsychologen und anderer Wissenschaftler die reinste Katastrophe sind und vielen Hunden nicht den Hauch einer Chance lassen, auch nur ansatzweise artgerecht behandelt zu werden. Von völliger Überforderung durch unhaltbare und bereits widerlegte Thesen bis hin zur Entwicklung immer unsinnigerer Hilfsmittel, die dem Hund unter dem Deckmantel der artgerechten Erziehung helfen sollen, sich im Zweckverband menschlicher Labyrinthe zurechtzufinden, haben unsere Hausraubtiere leider nur sehr wenige Möglichkeiten, diesem Wahnsinn zu entgehen. Die meisten Tiere haben gelernt, der Willkür des Menschen mit massivem Konfliktverhalten zu begegnen, um so den größten Schaden abzuwenden. Anderen Hunden bleibt jedoch oft kein anderer Ausweg aus dem Teufelskreis, als sich gegen zugefügte Schmerzen in Form von Aggression zu wehren. Leider beginnt dann für diesen Hund erst der Leidensweg, denn er hat die Bestie Mensch und dessen abartigen und zugleich tödlichen Verstand unterschätzt.

Wir sprechen bei allen Raubtieren mit Recht von Gefährlichkeit: Jagen und Beute erlegen. Wer aber schützt das Raubtier Hund vor der Bestie Mensch? Der Hund macht nichts verkehrt, wenn er sein Überleben sichert, indem er andere Tiere hetzt, bejagt und tötet. Wenn wir akzeptieren, dass Löwen, Tiger und Schakale gefährliche

Raubtiere sind, warum sehen wir den Haushund dann nicht als das, was er ist? Wir quälen ihn mit menschlichen Emotionen und unnatürlichen Ansprüchen, die er als Jagdraubtier niemals erfüllen kann. Hat man den Hund je gefragt, ob er den Anforderungen menschlicher Ideale entsprechen kann? Ob er in der Lage ist, die Erwartungen seines Menschen zu erfüllen? Nein! Er kennt nur eine Kommunikationsform: Körpersprache! Körpersprache, die der Mensch aber entweder ignoriert oder gänzlich falsch deutet. Der Hund hat keine Verständigungsprobleme, er hat in jeder Situation eine ganz klare Sprache, die man verstehen kann, sofern man als Mensch, statt hinzuhören, auch mal hinsehen würde.

Die Sprache unserer Hunde war, ist und bleibt immer eine visuelle Sprache.

Wenn der Mensch nicht bereit ist umzudenken, wird sich der Hund weiter anpassen müssen, was letztendlich bedeutet, dass er mehr und mehr zur Gefahr für seine Umwelt wird, also auch für Menschen und Artgleiche. Verschärfte Gesetze, Wesentests und Beißstatistiken sind richtungweisend. Nach dem Motto »Das hat er früher nie gemacht« wird seit Jahren versucht, dem Hund unter Zwang und durch überflüssige Hilfsmittel ein vermeintliches Problem auszutreiben. Ein Hund kann nichts dafür, dass er in einen Meuteverband zwangsintegriert wird. Er ist in jedem Fall der Verlierer, trotzdem er versucht, sich dem Menschen mitzuteilen. Es macht traurig und zugleich wütend zu erleben, dass die Mehrzahl der Hundebesitzer die Signale ihrer Hunde nicht als das sehen, was sie sind: Hilfeschreie nach Sicherheit, Führung und Kontrolle durch den Rudelführer Mensch. In jedem bisher veröffentlichten Fachbuch zum Thema wird empfohlen, dem Hund Sicherheit zu vermitteln, aber in keinem Medium steht, wie man das macht. Vielmehr werden biologische Lernprinzipien auf der Grundlage von uralten

Aussagen zu neuem Leben erweckt und als neueste wissenschaftliche Erkenntnisse verkauft, obgleich wir wissen, dass der Hund sich seit Urzeiten in seinen Triebanlagen nicht verändert hat. Nach wie vor halten wir Menschen uns ein undemokratisches, primitives und ressourcenorientiertes Raubtier, haben jedoch die Vorstellung vom Sozialdemokraten Hund als Kind- und Partnerersatz oder Spielkameraden für unsere Kinder. Bevor man den Hund wieder einmal bestraft, sollte man ihn erst einmal für die Dinge loben, die er richtig macht. Selbst wenn verschiedene Verhaltensmuster aus unserer Sicht falsch sind, bedeutet es nicht, dass der Hund dies ebenso sieht. Wir müssen zunächst eine positive Grundlage schaffen, um dem Hund dann zu zeigen, dass es Alternativen gibt. Bestrafung durch Menschen ist und war immer schon ein Hilfeschrei, wenn Wissen endet. Wenn sich Verzweiflung über die eigene Hilflosigkeit aufbaut, ist die logische Schlussfolgerung, dass Druck oder Gewalt angewendet werden muss. Dass dieser »Umgang« bei Hunden gar nicht nötig ist, wird leider oft übersehen. Es ist der Mensch, der nach einer Möglichkeit suchen muss, sich mit seinem Hund zu verständigen, und zwar auf einer Ebene, die der Hund auch versteht: einer primitiven, aber direkten Ebene, die weder Heuchelei noch verschachtelte Denkweisen kennt. Ein Hund wird niemals absichtlich etwas Falsches tun wollen, die Aufgabe des Menschen ist es, ihm die Unterschiede zwischen richtig und falsch zu vermitteln.

Ein Hund lebt nicht nach unseren Wertvorstellungen.

Erziehung und Ausbildung, die wahren Gründe

Zugegeben, ein Hund macht viel Freude, aber am meisten erfreut es die Menschen, wenn er nicht stört! Ein Hund kostet Geld, ein

Hund schränkt uns ein, ein Hund kostet Zeit, ein Hund macht Arbeit, ein Hund macht Dreck, ein Hund belastet unsere Nerven, ein Hund ist laut, aggressiv oder ignoriert uns. Wir erziehen, manipulieren und unterdrücken, wir kontrollieren, zwangsintegrieren, ignorieren, korrigieren, wir schlagen, misshandeln und schläfern ein. Stachel- und Stromhalsbänder sowie Würgehalsbänder sind im täglichen Einsatz. Ist das der Grund, warum wir einen Hund brauchen? »Das Tier muss menschlich werden«, ist das unser Anspruch und unser Ziel? Unser Hund muss unsere Sprache verstehen, muss alles richtig machen, darf sich keine Fehler erlauben, wird seiner ursprünglichen Natur beraubt und bestraft für das, was er ist, ein Raubtier. Lassen Sie uns einmal die wahren Gründe für die Anschaffung eines Hundes herausfinden, bevor wir über seine Erziehung oder gar Umerziehung sprechen. Vielleicht haben Sie sich einen Hund angeschafft, weil Sie nicht mehr alleine sein wollen, oder Sie haben sich einen Hund angeschafft, weil dieser Sie beschützen soll, wovor auch immer? Möglicherweise haben Sie sich auch einen Hund angeschafft, um Macht ausüben zu können, um ihr unterdrücktes Selbstbewusstsein zu befriedigen? Diese Gründe sind grundsätzlich nichts Schlimmes, sondern menschlich. All diesen speziellen Anforderungen und Wünschen des Menschen soll aber nun das Jagdraubtier Hund gerecht werden – menschliche Wunschträume – die es niemals erfüllen kann! Ein Hund existiert auf einer einfachen, aber effektiven Ebene, er denkt, fühlt und handelt triebgesteuert. Das sind die Tatsachen, die wir Menschen nicht anerkennen wollen. Kommunizieren wir mit unserem Hund auf einer einfachen und unmissverständlichen Ebene, wird er uns verstehen und gleichermaßen als Zweckverbündeten akzeptieren. Grundsätzlich sollten Sie künftig einmal umdenken: Weg von den Normen und (vor allem) weg von den tollen Ratschlägen vieler Hundeschulen und Hundetrainer. Weg von den sogenannten Hundeprofis und ihren unnützen Tipps! Es gibt grundsätzlich nichts, was Sie nicht auch können oder über Ihren Hund nicht auch wissen. Das ganze Problem in der Hundeausbildung liegt in der mehr als absurden Betrachtungsweise durch uns Menschen. Statt die Fehler bei sich selbst zu suchen und zu korrigieren, sucht man sie beim Hund. Wir suchen verzweifelt nach Lösungen statt nach der Ursache. Ein Hund, der wegläuft, schnüffelt und auf keine Kommandos mehr reagiert, sobald er von der Leine gelassen wird, wird unter Strom gesetzt oder beim Zurückkommen mit Schlägen »belohnt«. Dies alles sind verzweifelte Taten eines Hundehalters, der keinen anderen Ausweg mehr sieht und eigentlich alles nur noch schlimmer macht.

Man muss die Tatsachen kennen …

… bevor man sie verdrehen kann. Betrachten wir die Aussagen und Thesen vieler Hundehalter und leider auch vieler Experten etwas genauer, kommen wir unweigerlich zu dem Schluss, dass ein Großteil der sogenannten neuen wissenschaftlichen Erkenntnisse nicht richtig sein kann, da sie weder artgerecht noch im Sinne der Natur des Hundes sind. Beispiel: »Der Hund freut sich, wenn er mit dem Schwanz wedelt« ist eine unsinnige Aussage, die sich aber immer noch hartnäckig in den Köpfen vieler Menschen hält. Um zu verdeutlichen, dass dies eine unsinnige These ist, empfehlen wir Hundehaltern einen kleinen Versuch zu machen: Man gebe dem Hund einen Kauknochen und beobachte ihn dabei, wie er beginnt, diesen zu fressen. Nun nehme man dem Hund besagten Knochen wieder weg. Was man feststellen wird, ist, dass er daraufhin mit Schwanzwedeln reagiert. Dies würde also bedeuten: »Ein Raubtier freut sich, wenn man ihm seine Beute wegnimmt.« Hier sollte auch der letzte Ungläubige erkennen können, dass es sich nicht um Freude, sondern vielmehr um eine Konfliktsituation handelt, verbunden mit der Erwartungshaltung, den Knochen wiederzubekommen. Von vielen Experten wird in diesem Zusammenhang gerne ein Fragebogen zum Problemverhalten des Hundes erstellt. Leider ist dies weder sinnvoll noch in irgendeiner Form wichtig. Hundehalter werden hier zum aktuellen Problemverhalten des Hundes und dessen Vorgeschichte befragt, als ob der Hundebesitzer in seiner emotionalen Verhaftung mit seinem Tier diese Fragen objektiv bewerten und beantworten könnte! Was bringt eine Beurteilung über das Verhalten des Hundes von jemandem, der dies gar nicht beurteilen kann, weil erstens artfremd und zweitens situativ überfordert. Im Übrigen ändert die Vorgeschichte des Hundes nichts am bestehenden Problemverhalten. Da es um den Hund selbst geht, ist eine Einschätzung des Hundes wichtig, und zwar in dem Moment, in dem man das Tier sieht, denn hier zeigt sich alles, was ein guter Therapeut zur erfolgreichen Therapie benötigt.

Liebe Berufskollegen,

Problemhundeexperten, Hundeprofis oder wie Sie sich sonst nennen. Wir bei Hundewelten haben uns einmal die Mühe gemacht, so nichtssagende wie unsinnige Titel vermeintlicher Hundeexperten aufzulisten. Wir weisen darauf hin, dass diese zum Teil frei erfundenen Bezeichnungen rechtlich in keiner Form geschützt sind. Das wäre ja weiter nicht schlimm, aber viele der Begriffe sind für ahnungslose Hundehalter, die auf der Suche nach kompetenten und qualifizierten Ausbildern sind, mehr verwirrend als hilfreich, von einer sinnvollen Problemhundetherapie mal ganz abgesehen …

Da haben wir den **Diplom-Hundepsychologen** oder **Diplom-Tierpsychologen,** der im Fernstudium ein Diplom in Tierpsychologie, meist mit Fachrichtung Hund, erwirbt. Einmal abgesehen davon, dass ein Fernstudium selten die Praxis im Umgang mit schwierigen Hunden vermittelt, fehlen Erfahrungen sowie der richtige Umgang mit Menschen bzw. Hundehaltern. Des Weiteren kommt es immer darauf an, von wem so etwas diplomiert wird, denn es ergibt wenig Sinn, in 15 Skripten für teures Geld etwas nachzulesen, was man auch kostenlos in unzähligen Büchern aus der Leihbibliothek findet. Da der Begriff »Diplom« einen Hochschulabschluss suggeriert, sind solche ausländischen Diplome in Deutschland seit einigen Jahren verboten.

Dog Communicator gibt es jetzt auch in Deutschland. Der toll klingende Begriff beschreibt die Tätigkeit eines Hundeexperten, der mit Hunden kommunizieren will. Man hat hier bewusst einen englischen Begriff gewählt. Man denkt unweigerlich an ein Hightech-Mobiltelefon. Was diese Günstlinge nun tun, weiß niemand so genau.

Dogman oder **Dogmaster,** der Hundemann oder der Hundemeister. Man ist versucht, hier an 0190er Telefonnummern zu denken und nicht an kompetente Hundeexperten. Therapiegrundlagen sind unbekannt.

The Dogwhisperer, zu Deutsch: der Hundeflüsterer. Für alle, die schon immer wissen wollten, wie die Amerikaner Hundeprobleme lösen: Man ruft einfach den Dogwhisperer und alles wird gut.

Hundepsychologe oder auch **Hundepsychotherapeut.** Leider halten die meisten Hunde, insbesondere Hunde mit Problemverhalten, nicht viel von Menschen, die stundenlang mit ihnen sprechen oder uninteressante Fragebögen erstellen, damit Frauchen und Herrchen danach wissen, wie sie das Problemverhalten schön unter den Teppich kehren können.

Hundesachverständiger. Dies ist also jemand, der Sachverstand in Bezug auf Hunde besitzt. Wie darf man sich das bei den aktuellen Gesetzen, an welche diese Leute gebunden sind, vorstellen? Zudem ist auch dieser Fachbegriff rechtlich nicht geschützt, suggeriert aber vermeintliche Seriosität und Kompetenz.

Hundewirt, das Unwort des Jahres im Hinblick auf Hunde. Er ist also ähnlich wie der Pferdewirt jemand, der Häufchen wegräumt, frisches Stroh ins Körbchen legt, den Hund striegelt, und Pfoten säubert?

Kynologe, Kynopädagoge, Kynotherapeut. Diese Begriffe suggerieren, dass Träger dieser Bezeichnungen Ahnung von Kynologie haben, was aber meist in oberflächlichem Pseudowissen ein jähes Ende findet. Die praktische Arbeit und Erfahrung mit problematischen Hunden sucht man leider vergebens. Zudem beschreibt der

Begriff »Kynologie« die Lehre von den »Hundeartigen«, also neben Hunden auch das Wissen über Dingos, Schakale, Kojoten, Hyänen und anderen Raubtieren wie Kleinbären und Pandas.

Personal Dog Trainer. Das ist ein personalisierter Hunde-Trainer, den man sich mieten kann, wenn es einem langweilig wird oder der Hund in verwöhnt-gewohnter Weise sein Futter nicht fressen mag.

Problemhundecoach, wen oder was will der coachen? Eine Fußballmannschaft, eine Meute Rugby-Spieler oder gar eine Meute Hunde, und vor allem: warum?

Der Hundeschamane, als Bezeichnung für seriöse und kompetente Problemhundetherapie, ist eigentlich nicht mehr zu überbieten. Zur Information: Als Schamane bezeichnet man einen Menschen, der im Mittelpunkt des religiösen Phänomens des Schamanismus steht. Er ist somit das Pendant zum Priester. Er wird von den Gläubigen als Medizinmann oder Zauberer angesehen und soll in seinen Trance-Reisen Kontakt mit der »Welt der Geister« ermöglichen.

Hundemagier ist wieder ein Angehöriger der Priesterkaste, welcher mit geheimnisvollen Beschwörungsformeln den Hund aus seinem Problemverhalten reißen soll.

Ich bin der Hundeflüsterer

Die Liste der kuriosen Bezeichnungen für Menschen, die beruflich mit Hunden zu tun haben, ist lang. Was alle miteinander verbindet, ist vermutlich eine gestörte Selbstwahrnehmung. Was ist es, das

man dem Hund beibringen müsste, was er seiner Natur entsprechend nicht schon lange könnte? Hunde können bellen, knurren, liegen, sitzen, schlafen, fressen, laufen, hetzen, jagen, auf etwas herumkauen, andere Hunde und Menschen anspringen und noch vieles mehr. Ein Hundetrainer bringt einem Hund also definitiv keine neuen Verhaltensweisen bei, seine Aufgabe muss es vielmehr sein, natürliches, angeborenes und erlerntes Verhalten kontrollierbar und abrufbar zu machen. Hat ein Hundeflüsterer nun besondere Fähigkeiten, welche Sie nicht haben? Nein, denn jeder Hundehalter kann lernen, seinen Hund optimal zu fördern, ihn artgerecht zu halten und Verständnis für seine Natur zu entwickeln! Kennen Sie Menschen, die von sich behaupten, ein besonderes Händchen für Hunde zu haben, oder glauben Sie es sogar von sich selbst? Es ist definitiv nicht auf eine besondere Gabe zurückzuführen, wenn ein fremder Hund bei Ihnen plötzlich besser »funktioniert« als bei seinem Eigentümer. Jeder Hund, insbesondere der Hund mit Problemverhalten, nimmt sich bei fremden Menschen erst einmal zurück und prüft die Lage. Immerhin hatte er bisher noch keine Möglichkeit, die Schwächen des Gegenübers ausfindig zu machen. Fehl- und Problemverhalten erscheint somit unter der »Führung« von Fremden erst einmal verringert. Nachdem das Tier allerdings Körpersprache, Schwächen und Ressourcenverhältnisse herausgefiltert hat, wird er sein ursprüngliches Verhalten wieder an den Tag legen, möglicherweise sogar noch verstärkt.

Lösung gesucht, biete Problem

Die Menschheit ist schon seit Urzeiten auf der Suche nach dem Heiligen Gral, dem Sinn des Lebens, dem verlegten Schlüsselbund, der Liebe fürs Leben, der zweiten Socke und nach der schnellen Lösung für unerwünschtes Hundeverhalten. Wir von Hundewelten sind sehr froh darüber, dass wir nicht mehr nach der Lösung suchen müssen, denn wir haben sie vor 12 Jahren entwickelt und nennen sie S.D.T.S.®, das Speechless-Dogtraining-System. Weil Menschen immer nur das kopieren, was sie für »gut« befinden, haben wir diese Lösung schützen lassen. Gerne lassen wir Sie an unserem Wissen teilhaben, jedoch nicht in Form von »Kochrezepten« oder »wenn er das tut, was mache ich dann?«. Ein System wie S.D.T.S.® ist flexibel in der Anwendung und nicht starr. Dieses Buch kann und darf keine Anleitung zur Selbsttherapie von Hunden sein, die Folgen von (unbewusst) falsch durchgeführten Therapien wären nicht verantwortbar. Zudem haben wir kein Interesse daran, Mitbewerber kostenlos zu schulen. Es sollen durch dieses Buch vielmehr Fehler und Schwächen in der bisherigen Hundeerziehung aufgezeigt werden. Hunde sind immer so individuell wie ihre Besitzer. Auch wenn sich Verhaltenssymptome häufig ähneln, hat doch jedes Verhalten eine Ursache, die es zu finden gilt, deshalb lehnen wir sowohl Ferndiagnosen als auch »Tipps und Tricks« am Hund ab.

Der praktische Nutzen der Ethologie

In Ausbildungen zum Hundetrainer und in Seminaren für Hundehalter wird immer wieder auf die wichtige Bedeutung der Ethologie – also der vergleichenden Verhaltensforschung von Wild- und Haustieren – hingewiesen. Wie verhalten sich Wölfe oder verwilderte Hunde in ähnlichen Situationen, wie wir sie von unseren Haushunden kennen? Viele Experten glauben, dass in der Beschreibung des natürlichen Verhaltens von Wölfen der Schlüssel zur Lösung des Problemverhaltens von Hunden liegt. Hundehaltern und Hundetrainern wird in zahlreichen Büchern und Seminaren zum Ausdrucksverhalten des Hundes bzw. des Wolfes vermittelt, dass eine Veränderung des hündischen Verhaltens nur möglich ist, wenn man die Zusammenhänge in der vermeintlich unberührten Natur kennt und diese dann auf das Zusammenleben mit dem Haushund überträgt. Zunächst ist es wichtig festzustellen, dass sich die ethologische Forschung mit Verhalten von Hunden untereinander beschäftigt. Vergleichende Studien zum Verhalten des Hundes mit dem Menschen aber fehlen! Es existieren wohl Theorien zum Thema, diese werden allerdings von den Forschern selbst in Frage gestellt, da eine rein subjektive und emotional geprägte Deutung von Hundeverhalten nicht von der Hand zu weisen ist. In dem Moment, in dem wir Hundeverhalten in der Interaktion mit Artgleichen beschreiben und dieses dann auf Mensch und Hund übertragen, laufen wir Gefahr, aus menschlich-emotionaler Sicht die Motivation des Hundes zu bewerten. Ein Dilemma, welches den Nutzen vergleichender Studien von Caniden für die Umerziehung von Problemverhalten zunichtemacht. In Ausbildungen zum Tierpsychologen wird aber immer wieder auf die wichtige Bedeutung dieser Zusammenhänge hingewiesen. Lehrmeinungen werden unreflektiert wiedergegeben, längst überholte Modelle und Theorien über das Lernen werden ungeprüft kopiert, Hundeverhalten verkompliziert und falsch ausgelegt. In der Praxis versucht man, Kommunikation bzw. Körpersprache von Caniden untereinander zu imitieren, es wird unterworfen und bestraft oder man glaubt, den Hund über Beschwichtigungssignale bändigen zu können. So entstehen fatale Folgen für alle beteiligten Menschen, die auf diese Art und Weise versuchen, Problemverhalten ihres Vierbeiners in den Griff zu bekommen, oft mit der Begründung, dass Hunde und Wölfe dies in einem Rudel ebenso machen. Eine völlig falsche Annahme, denn in einem natürlich gewachsenen Rudel mit klarer Hierarchie stellt keines der Rudelmitglieder eine bestehende Ordnung in Frage. Beobachtungen an frei lebenden Wölfen haben gezeigt, dass die Rangordnung nicht durch dominierende Aktionen von ranghohen zu rangniederen Tieren festgelegt wird, sondern genau umgekehrt. Rangniedere Mitglieder der Gruppe reagierten im Kontakt mit ranghohen Mitgliedern immer mit aktiver oder passiver Unterwerfung, zeigten also von sich aus das Bestreben, die bestehende Ordnung nicht in Frage zu stellen. Die Meinung, der Hund warte nur auf einen günstigen Moment, um den Menschen zu dominieren, ist falsch, hält sich aber leider hartnäckig.

Ist ein Hund nun in der Lage, einen Menschen zu dominieren? Natürlich ist er das! Der Hundehalter ist aus Sicht des Hundes in erster Linie Ressourcengeber und damit eingebunden in sein Bedürfnis nach geklärten Rangordnungs- und/oder Ressourcenverhältnissen im Rudel. Nun ist aber mit der Fähigkeit, zu dominieren, untrennbar eine zweite, dem Hund angeborene Verhaltensweise verbunden – die Bereitschaft zur Unterordnung. Das bedeutet, dass ein Hund die Entscheidung zwischen Dominanz oder Unterordnung nicht alleine fällen kann, er benötigt hierzu den Menschen. Hundehalter stehen oft vor dem Problem, entscheiden zu müssen, welcher Hundetrainer oder Therapeut die Qualifikation hat, um den problemgeplagten Hund umzuerziehen. Auf der Suche nach einem seriösen Anbieter fallen meist Slogans wie »nach den neuesten kynologischen Erkenntnissen« oder auch »basierend auf ethologischer Forschung«. Auf den ersten Blick vermitteln diese Werbebotschaften den Eindruck von Professionalität, Seriosität und wissenschaftlicher Arbeit. Wo aber sind die Erkenntnisse ethologischer Forschung, wenn am Hund mit Antibellhalsbändern, Wurfketten, Leinenruck, Stachel- und Würgehalsbändern, Anschreien, Kopfhalfter, Rütteldosen oder Ähnlichem gearbeitet wird? Muss man bei der Vermenschlichung (Anthropomorphismus) und Gefühlsduselei nicht eher von einer psychischen Misshandlung des Beutegreifers Hund sprechen?

Die Suche nach biologisch sinnvollen Assoziationen

Für die Ethologie ist es wichtig, was ein Hund im Kontakt mit Artgleichen tut, warum er das tut und was es beim Gegenüber auslöst. Das ist wichtig und interessant, um Erkenntnisse über den eigenen Hund zu erlangen. Nun stehen wir aber manchmal Situationen gegenüber, in denen wir den Hund nicht unkontrolliert agieren lassen können. Selbst wenn wir eine Antwort auf die Frage bekämen, warum der Hund dieses oder jenes tut, hilft uns die Antwort nicht einen Schritt weiter. In der reinen Beschreibung von Hundeverhalten oder – wie Experten es nennen – Verhaltensbeobachtung, ist die Problemlösung nicht enthalten. Selbst wenn man feststellt, dass der Hund unsicher oder ängstlich ist, dass er die Wohnungstür, den Gartenzaun oder das Fenster gegenüber Fremden verteidigt, wird nicht etwa das eigene Verhalten in Frage gestellt, sondern sofort mit Ausreden gekontert. Es liegt an der schlechten Vergangenheit des Hundes, er kommt aus Spanien, aus dem Tierheim oder er wurde in der Welpenspielgruppe gebissen. Aber wie geht es weiter? Sie haben das Verhalten des Hundes beschrieben, auch die Erklärung dafür geliefert und doch ändert sich nichts. Der Grund dafür ist einfach zu finden: weil Sie Ihren Hund mit seinem Problem alleine lassen und ihm Aufgaben übertragen haben, mit denen er hoffnungslos überfordert ist. Der einzig sinnvolle Ansatz, um das Verhalten des Hundes zu verändern, beginnt beim Menschen. Haben Sie sich eigentlich schon einmal die Frage gestellt, was der Hund will? WILL er wirklich an der Leine ziehen? WILL er bellen, beißen, Angst haben? Ist es nicht eher so, dass er diese Verhaltensweisen zeigen MUSS, weil Sie ihm diese Verantwortung nie abgenommen haben? Stellen Sie sich vor, wir würden zusammen mit anderen Menschen eine Kaffeefahrt unternehmen.

Unser Reisebus ist voll besetzt, die Stimmung ist ausgelassen und unsere aktuelle Reisegeschwindigkeit auf der Autobahn beträgt durchschnittlich 100 km/h. Nach einigen gefahrenen Kilometern steht der Busfahrer plötzlich auf, verlässt wortlos das Steuer und holt sich einen Kaffee aus der Bordküche weiter hinten im Bus. Was passiert nun? Massenpanik! ABER mindestens einer der Mitreisenden wird zum Steuer eilen und es übernehmen, immerhin kam die Leitplanke schon gefährlich nahe und das Überleben von uns allen war in großer Gefahr. Dabei ist es unerheblich, ob derjenige, der das Steuer übernimmt, auch wirklich einen Bus fahren kann oder die offizielle Fahrerlaubnis dazu besitzt. Was passiert nun, wenn der eigentliche Fahrer zurückkommt und seinen Platz am Steuer zurückhaben möchte? Er wird sicherlich darum kämpfen müssen, denn immerhin hat der aus der Not heraus übernommene Fahrer gelernt, dass auf den Busfahrer kein Verlass ist und er nicht für unsere Sicherheit sorgen kann! Übertragen Sie dieses Beispiel bitte auf ein Hund-Mensch-Team. Wie oft haben Sie bereits das Steuer abgegeben? Wie oft musste Ihr Hund das Steuer bereits übernehmen? Immerhin geht es aus Hundesicht ums Überleben! Fazit: Je passiver der Mensch in seinen Entscheidungen ist, desto aktiver muss der Hund werden und Aufgaben übernehmen, obwohl es ihn maßlos überfordert.

Hundeerziehung vs. Hundetherapie

Hundeerziehung ist die eine Sache, die Therapie von Fehl- und Problemverhalten eine völlig andere Sache. Bis heute sind Hundehalter der Meinung, man könne dem Hund schlechte Eigenschaften einfach aberziehen. Erziehungsmethoden, wie sie in vielen Hundeschulen und Hundesportvereinen angewendet werden, sind definitiv nicht geeignet, um bestehendes Fehl- oder Problemverhalten zu therapieren. Leider stellen dies viele Hundehalter erst zu spät fest, besonders dann, wenn bereits Gewalt bzw. Starkzwang eingesetzt und damit Meideverhalten beim Hund ausgelöst wurde. Das Resultat ist fatal, denn die Ursachen des Problems werden weder behoben noch wird Verhalten verbessert, vielmehr verstärken sich die vorhandenen Probleme oder sie verlagern sich. Eine sinnvolle Therapie muss unerwünschtes Verhalten von Reizauslösern entkoppeln, damit danach erwünschtes Verhalten mit den bisherigen Reizauslösern neu verknüpft werden kann. Am Beispiel »Dauerbellen« bedeutet diese Erkenntnis, dass es nicht genügt, dem Hund das Bellen zu verbieten oder dies gar zu bestrafen, es würde lediglich unterdrückt. Ein Lernprozess erfordert immer das Lösen bisheriger Verknüpfungen. Wenn Ihr Hund also bellend zur Haustür läuft, hat er beim Auslöser Klingel gelernt, zur Tür zu laufen und dort zu bellen. Aus Sicht des Hundes handelt es sich um ein völlig normales Verhalten, da es Aufgabe des Hundes ist, sein Rudel vor Fremden zu warnen. Wir haben hier also eine klassische A-B-Konditionierung (Klingel – Bellen). Versucht man diese Konditionierung nun durch ein Verbot durch das Verbalkommando »Nein« oder auch durch Zwang z.B. mit dem »Schnauzengriff« zu unterbinden, hat sich an der bisherigen Konditionierung nichts verändert, man hat lediglich ein neues Element auf eine bereits bestehende Verknüpfung gesetzt, A-B-C (Klingel – Bellen – Nein). Hier unterscheidet sich nun Erziehung von Therapie bzw. Konditionierung von Umkonditionierung, denn kompetente Therapeuten würden zunächst die A-B-Verknüpfung lösen, um dann A mit der Alternative C neu zu verknüpfen. In unserem Fall also: Klingel – Platz oder auch Klingel – Blickkontakt etc. Achten Sie bitte künftig darauf, dass vermeintliche Hundeexperten auch wirklich therapieren und Problemverhalten nicht nur überlagern. Bedenken Sie bitte auch, dass echte Problemhundetherapie an der Ursache ansetzt, nicht am Symptom. Immer dann, wenn der Hundetrainer Ihres Vertrauens nicht in der Lage ist, am ursprünglichen Problemverhalten etwas zu verändern, und nur Symptome unterdrückt, sollten Sie Ihrem Hund zuliebe jemanden konsultieren, der sich wirklich mit der Materie auskennt. Ein kompetenter Hundetherapeut kann das Problem »Klingeln – Bellen – zur Tür laufen« oder »Dauerbellen am Gartenzaun« übrigens in 20 Minuten erfolgreich umkonditionieren, dauerhaft und ohne jegliche Hilfsmittel oder Bestrafung.

Mit Gewalt erzieht man keinen Hund, man erreicht nur, dass dieser leiser bellt!

Wie lange dauert eine erfolgreiche Therapie?

Grundsätzlich ist die erfolgreiche Therapie von Fehl- und Problemverhalten abhängig von der Art des Problems, dessen Intensität und dem Zeitraum des Bestehens. Sofern es sich nicht um ein geprägtes Verhalten handelt, ist der Lernprozess der gleiche wie bei der Entstehung des Verhaltens, es ist also nach ca. 3 bis 5 Wiederholungen etabliert. Nach weiteren 5 Wiederholungen generalisiert sich das Verhalten. Es ist also völliger Unsinn, wenn man Ihnen erzählt, Sie müssen Übungen mit Ihrem Hund öfter als 15-mal durchführen. Ihr Hund hat bereits nach wenigen Wiederholungen gelernt, dass es für ihn sinnvoll ist, am Mittagstisch zu »betteln«. Warum sollte er also in derselben Anzahl von Wiederholungen nicht ebenso lernen, dass es sinnvoller ist, nicht zu betteln, sondern in seinem Körbchen zu liegen? Für einen Hund macht es keinen Unterschied, ob er Futter am Esstisch oder in seinem Körbchen bekommt.

Hundetraining dauert sehr lange

»Hunde brauchen 500 Wiederholungen, um zu lernen« oder »Verhaltenstherapie dauert mehrere Wochen und Monate«. Solche und ähnliche Aussagen sind an der Tagesordnung. Man muss sich ernsthaft fragen, ob dies der langfristigen Kundenbindung dient oder ob es nur um finanzielle Bereicherung der Trainer auf Kosten des Hundehalters geht? Hunde sind in der Lage, sich innerhalb kurzer Zeit Verhaltensweisen beizubringen, die der Mensch als »unerwünscht« ansieht. Nehmen wir an, es klingelt an der Tür. Auf dem Weg dorthin stößt Ihr Hund den Mülleimer um. Er untersucht die Mülltüte und findet darin die Reste des Mittagessens. Was hat das Tier also in einer einzigen Situation gelernt? »Mülleimer bedeutet Futter«. In der Folge wird er nun so oft wie möglich versuchen, an die Ressource Mülleimer zu gelangen. Für diese zufällige Lernerfahrung hat der Hund weder Tage, Wochen oder Monate noch unzählige Wiederholungen benötigt. Er hat sich selbst konditioniert. Warum unterstellt man Hunden aber nun, dass sie nicht in kürzester Zeit ein für den Menschen erstrebenswertes Verhalten erlernen können? Wenn der Mensch in der Lage ist, nach max. 3 Versuchen erkennen zu können, dass ein Auto beim Drehen des Zündschlüssels nicht anspringt, dann ruft er den Pannendienst. Warum rucken aber genau diese Menschen acht Jahre lang an der Leine, wenn der Hund an derselben zieht, obwohl sichtlich KEINE Verhaltensänderung stattfindet?

Wir ignorieren unser Bauchgefühl und sind daher nicht mehr in der Lage, Sinn von Unsinn zu unterscheiden.

Der Kinderliebefamilienbegleithund

Oder: Die geheimen Veranlagungen unserer Hunde.

Gibt es sie wirklich? Die beliebten Familienhunde, die getreuen Begleithunde oder auch die kinderlieben Hunde, und wo kann man sie kaufen? Vorausgesetzt, es gäbe solche rassespezifischen Eigenschaften wie »familienfreundlich« und/oder »kinderlieb«, welchen Zuchtkriterien unterliegen diese Rassen? Haben Sie sich schon einmal Gedanken darüber gemacht, ob solche – zweifelsohne emotionalen – Beschreibungen für das Raubtier Hund überhaupt zutreffend sein können, und wenn ja, was unterscheidet einen »kinderlieben Familienhund« von anderen Hunden? Wieder einmal mehr

werden Menschen, die sich einen Hund anschaffen möchten, für dumm verkauft und über die wahren Wesenszüge des Hausraubtieres »Hund« im Unklaren gelassen. Was muss eigentlich noch alles passieren, damit so unsinnige und nicht zuletzt auch gefährliche Beschreibungen wie »familienfreundlich« und »kinderlieb« aus den Köpfen der Züchter bei der Vermittlung von Welpen verschwinden, und wie viele Hunde müssen noch eingeschläfert werden, weil Tierheime wieder einmal einen »kinderlieben« Hund vermittelt haben, der dann »plötzlich« doch das Kind beißt? Was aber ist denn nun ein Familienhund? Ein Tier, welches spezielle Eigenschaften wie Loyalität, Treue sowie Anteilnahme am Familienleben besitzt. Wir wissen doch alle, dass Hunde trieborientiert und zu menschlichen Emotionen – so wie wir sie kennen – nicht fähig sind. Oder sollte es sich eventuell um versteckte genetische Veranlagungen handeln, die nur in einer Familie zutage treten? Es ist schwer nachvollziehbar und im höchsten Maße gefährlich, einen Hund als »kinderlieb« zu bezeichnen. Rund 80.000 Kinder werden jährlich alleine in Deutschland von Hunden verletzt, dabei handelt es sich um die registrierten Vorfälle – die Dunkelziffer könnte doppelt so hoch sein. Dass diese Vorfälle nun ausschließlich von »bösen Listenhunden« verursacht werden, ist eher unwahrscheinlich.

Labrador oder Liebrador, Border Collie oder Kinder Collie? – Welche von den rund 350 Hunderassen ist denn nun wirklich »kinderlieb« oder ganz besonders »familientauglich« und warum werden auch hier dem ressourcengesteuerten Beutegreifer Hund wieder mal menschliche Werte angedichtet, die er gar nicht erfüllen kann? Wir sprechen dem Hund sicherlich nicht die Fähigkeit zum Zusammenleben mit anderen Individuen oder die Bereitschaft zur Unterordnung ab, dennoch existieren diese auf reiner Triebbasis und eben nicht auf menschlichen Emotionen. Selbst der Fortpflanzungstrieb ist beim Menschen heute mehr Lust als Erhalt seiner Rasse, beim Hund hingegen ausschließlich die genetisch veranlagte Selbsterhaltung seiner Spezies. Wen wundert es also, wenn angeblich »kinderliebe« Hunde ihre Ressourcen Futter, Territorium, Beute etc. auch und gerade Kindern gegenüber unter Aggression verteidigen und angebliche »Familienhunde« trotzdem massives Fehl- und Problemverhalten zeigen. Weil die Tiere Begriffe wie »kinderlieb« und »familienfreundlich« gar nicht kennen und sich dementsprechend auch nicht danach verhalten können. Wenn wir dem Haushund typische Eigenschaften wie Futtertrieb und Beutetrieb sowie Rudeltrieb und Meutetrieb zusprechen, warum kennt man dann den »Kinderliebtrieb«, »Begleittrieb« oder den »Familientrieb« nicht? Ganz einfach: weil es diese Triebe nicht gibt!

Welpenspielgruppen sind wichtig für die Sozialisierung

Das Erscheinungsbild eines Hundewelpen manipuliert uns Menschen, denn Knopfaugen, watteweiches Fell, tapsige Bewegungsabläufe und der bei uns dadurch geweckte Beschützerinstinkt lassen uns unbewusst schon in den ersten Lebenswochen dieses jungen Wesens fatale Fehler machen. War das niedliche Anspringen und Kontaktsuchen unseres Hundekindes anfangs noch lustig, so wird uns auf jeden Fall die Rechnung der Kleiderreinigung negativ stimmen, wenn der nunmehr erwachsene Hund den Mantel eines Passanten mit seinen herbstlichen Matschpfoten veredelt hat. Wir Menschen fühlen uns durch die Aufgabe »Hundekind« wichtig und gebraucht, sie kann uns aus sozialer Isolation helfen und uns bei der Kontaktaufnahme zu Gleichgesinnten unterstützen. (So manche Freundschaft oder Partnerschaft ist auf den Hund zurückzuführen.) Das vermeintlich zerbrechliche Wesen »Welpe« muss seine hündische Familie verlassen, ist alleine in der großen weiten Welt, bei fremden Zweibeinern eingezogen und es ist nur allzu menschlich, wenn wir ihm diese Lebensphase so angenehm wie möglich gestalten wollen. Bedenken Sie bitte, Ausflüge zu Welpenspielgruppen gehören NICHT dazu! In den letzten Jahren verzeichnen wir einen starken Wandel im Bereich »sinnvolle Hundeerziehung«: Gesteigerter Wert wird auf die Gehorsamkeit und das »Sozialverhalten« von Hunden gelegt. Welpen aller Rassen und Größen werden in sogenannten »Spielgruppen« verheizt und durch die Leitung vermeintlich erfahrener und kompetenter Trainer in unnatürlichem Verhalten gefördert. Genauer betrachtet sind Welpenspielstunden so ziemlich der größte Unsinn, welcher die Menschheit jemals erfunden hat. Was lernt ein Welpe von einem Welpen? Richtig: Nichts! Zumindest nichts wirklich Sinnvolles. Da werden bis zu 10 Welpen unterschiedlicher Rasse, verschiedener Körpergröße und verschiedenen Alters in einen Pulk geworfen und sich selbst überlassen. Jeder Einzelne ist auf sich alleine gestellt und versucht, sich – im

wahrsten Sinne des Wortes – seiner Haut zu erwehren, besonders wenn er von einer wilden Meute fremder Artgleicher überrumpelt wird. Während sich der Hundehalter brav an den Rand des Geschehens stellt, legt er hiermit schon den Grundstein für späteres Fehl- oder Problemverhalten bei seinem Tier. Da wird ein Welpe von anderen untergebuttert, sogar gehetzt und gezwickt. Andere Welpen, die ohnehin schon etwas unsicher und sensibel sind, ziehen sich apathisch in eine Ecke zurück und warten auf die Erlösung durch den Rudelführer Mensch. Einzelne Tiere kontrollieren die Lage, tragen Machtkämpfe aus und verhalten sich je nach bereits erlerntem Verhalten mehr oder weniger aggressiv. Denken Sie tatsächlich, das Knurren bei Welpen hätte eine andere Bedeutung als das Knurren eines erwachsenen Hundes?
Nachweislich haben 77 % aller Hunde bis zu 2 Jahren ein Fehl- oder Problemverhalten entwickelt, was ursächlich von unkontrollierten Welpenspielgruppen herrührt. Wohlgemerkt: Wir sprechen hier von unkontrollierten Welpen-Spielgruppen und nicht von geführter und kontrollierter Welpenfrüherziehung. Im Übrigen sollte man einmal darüber nachdenken, dass es Derartiges in der Natur gar nicht gibt. Welpen fremder Rudel »spielen« nicht miteinander, der Schutz und das Überleben des eigenen Rudels ist genetisch verankert, fremde Tiere – insbesondere Welpen! – würden sofort vertrieben oder getötet. Auch der heute vielfach noch als Legitimation benutzte Begriff »Welpenschutz« ist eine Erfindung des Menschen. Sich darauf zu verlassen gleicht mehr einem Glücksspiel. Es gibt in der Natur nichts dergleichen, schon gar nicht unter Raubtieren. Einmal abgesehen davon, dass Sozialisierung nicht auf Artgleiche, sondern auf den Ressourcengeber Mensch stattfinden muss, lernen Welpen alles Nötige bereits durch die Wurfgeschwister im Zusammenspiel mit dem Muttertier als regulierender Einheit. Was Ihr Welpe aber unbedingt lernen sollte, sind verschiedene Umweltreize, Sicherheit und klare Führung durch

den Zweibeiner. Bemühen Sie sich besser hin und wieder um kontrollierte Zusammenkünfte mit erwachsenen Hunden, von denen Ihr Welpe etwas Sinnvolles lernen kann! Diese sind artgerecht und tragen zu einem ausgeglichenen Welpenleben bei. Hat Ihr Welpe bereits negative Erfahrungen in Welpenspielgruppen gemacht? Mit viel Glück hat er keine bleibenden Schäden aus dieser Zeit davongetragen. Nehmen Sie die rosarote Brille ab. Es gibt keine denkbar bessere Lebensphase, um positiv auf die Entwicklung Ihres Tieres einzuwirken! Handeln Sie verantwortungsvoll für sich und Ihren Vierbeiner und lassen Sie ihn nicht mit Artgleichen alleine. Sie würden Ihr Kind auch nicht unkontrolliert in einen Pulk mit größeren, älteren und stärkeren Kindern setzen und bei einer Rauferei tatenlos zusehen, nur weil ein Pädagoge Ihnen sagt: »Das müssen die unter sich ausmachen!«. Wir von Hundewelten empfehlen kontrolliert geführte Kurse, in denen Hund und Hundehalter gemeinsam agieren. Die Teilnehmerzahl muss auf 2 bis maximal 4 Hunde und deren Halter begrenzt sein. Hier werden Welpen sinnvoll an ihre Umwelt und die täglich anzutreffenden Umwelteinflüsse herangeführt. Hund und Halter lernen bereits jetzt die korrekte Leinenführigkeit, es wird an verschiedenen Orten geübt und ein erwachsener Hund ohne Fehl- und Problemverhalten wird integriert. Es geht also darum, den Welpen auf die wirklich wichtigen Dinge in seinem Leben vorzubereiten, und zwar mit seinem Menschen zusammen. Wenn Sie jetzt einmal Rückblende halten und das Fehl- oder Problemverhalten Ihres Hundes genauer betrachten, fällt Ihnen vielleicht auf, dass die heutige Aggression Ihres Hundes gegenüber Artgleichen daher rührt, dass er damals in der Welpenspielgruppe von anderen Welpen traktiert wurde. Da Sie ihn aber damals mit dem Problem alleine gelassen haben, weil ein Dilettant von Hundetrainer Ihnen verboten hat dazwischenzugehen, dürfen Sie sich nicht darüber wundern, dass Ihr Hund diese Dinge auch heute ohne Sie regelt.

Erziehungsgerüchte zur Welpenerziehung

Bei der Anschaffung eines Welpen erkundigt sich der frischgebackene Hundehalter natürlich, wie er seinem Vierbeiner schnellstmöglich Stubenreinheit beibringt. Hier möchten wir speziell mit einem der schlimmsten Erziehungsirrtümer aufräumen:

Stecken Sie den Welpen mit der Nase in den eigenen Kot oder seinen Urin und sagen Sie dabei: NEIN!

Eine wirklich tolle Idee, wir würden zu gerne sehen, wie eine Hebamme einer jungen Mutter rät, die volle Windel in das Gesicht ihres Babys zu reiben, damit dieses lernt, aufs Töpfchen zu gehen. Würde eine verantwortungsvolle Mutter so einer Anweisung nachkommen? Nein! Warum tun wir Gleiches bei unseren jungen Hunden? Auch hier bestrafen wir den unerfahrenen Welpen nur dafür, dass er sich gelöst hat, geben ihm aber nicht die Möglichkeit, zu lernen. In dem Moment, in dem wir derartigen Unsinn fabrizieren, hat das Tier nur eines gelernt, nämlich in Anwesenheit des Menschen aus Angst vor Strafe (siehe auch Meideverhalten) auszuhalten, solange es geht. Das Ganze gipfelt dann darin, dass sich der Hund in der Wohnung löst, wenn der Aggressor Mensch abwesend ist. Lerneffekt gleich null, Meideverhalten: 10 Punkte.

Eingewöhnungsphase

Egal, ob Welpe vom Züchter, Hund aus dem Tierheim oder Hund aus dem Ausland: Immer wieder hört und liest man von einer sogenannten »Eingewöhnungsphase« über mehrere Tage oder sogar Wochen. Leider wieder eine absurde These. Der Hund ist binnen

Unsere DVD-Reihe: Hundeerziehung mit System, im Handel erhältlich.

kürzester Zeit, nach ca. 3 Tagen, in seinem neuen Umfeld zu Hause. Er hatte über 15.000 Jahre Zeit, sich den Gegebenheiten des Menschen anzupassen. Er studiert unsere menschlichen Rituale, filtert unsere Stärken und Schwächen heraus und wird sich diese zunutze machen, und zwar absolut wertfrei und artgerecht. Im Hausstand lässt man den Hund aber erst einmal »in Ruhe«, er soll sich zurückziehen können, damit er nicht überfordert wird. Bereits der erste Schritt ins neue Heim wird dem Hund schon eigenverantwortlich überlassen: »Geh mal gucken! Hier bist du nun zu Hause.« Was aber passiert wirklich? Der Mensch überträgt dem Hund hier bereits die Verantwortung, das neue Territorium nach eventuell bestehenden Gefahren abzusuchen. Das Tier lernt schon in den ersten Minuten, dass man sich auf den Menschen nicht verlassen kann, und noch schlimmer: Er muss als Welpe selbst führen, anstatt geführt zu werden. Ihm wird durch das Zugestehen einer Eingewöhnungsphase Verantwortung übertragen, welcher er nicht gewachsen ist. Eingewöhnungsphasen sind somit wieder eine völlig unsinnige Erfindung des Menschen. Ein Welpe ist übrigens ab dem ersten Tag im neuen Zuhause stubenrein, sofern man weiß, auf was man zu achten hat.

Bestrafung allgemein

Oder: Der Unsinn von Drill und Gewalt.

Bestrafung muss sein! Natürlich! Immerhin hört der Frechdachs einfach nicht und da Sie der Rudelführer sind, muss das Familienmitglied Hund hin und wieder auf den rechten Weg gebracht werden! Also bestrafen wir verbal und körperlich, wir züchtigen und wir unterdrücken, damit sich kurzfristig etwas ändert. Glücklicherweise unterstützen uns hierbei ganze Industriezweige durch ihre Produkte wie Kopfhalfter, Stachelhalsbänder, Stromhalsbänder, Wurfscheiben oder Spray-Halsbänder für Hunde. Stimmt schon, Erziehung ist sehr wichtig, um Hunde »gesellschaftsfähig« in unserer Umwelt führen zu können. Was aber ist gesellschaftsfähig und welche Erwartungen stellen wir Menschen überhaupt an unsere Hunde? Aus menschlicher Sicht betrachtet haben wir folgende Ansprüche an unseren Hund: Kein Ziehen an der Leine, keine Aggressionen gegenüber Artgleichen, kein Anspringen von Passanten oder Kindern, kein Zerstören der Wohnung, kein Kläffen, wenn es klingelt, keine Randale im Auto, kein Lärm am Gartenzaun, kein Theater beim Tierarzt, kein Verteidigen von Futter, kein Hetzen von Joggern und Radfahrern, kein Streunen, kein Töten von anderen Tieren, kein Betteln am Tisch, kein Wälzen in Aas oder Unrat, kein Plündern von Mülltonnen, kein Lösen auf dem Bürgersteig, kein Ignorieren von Rückrufkommandos, kein Liegen auf der Couch oder im Bett und vieles mehr. Wenn Sie nun einmal genauer hinsehen, stellen Sie fest, dass all diese vermeintlich unerwünschten Verhaltensmuster vom Raubtier Hund eigentlich völlig normal, artgerecht und aus dessen Sicht sogar sinnvoll sind, denn Aggression gegenüber Artgleichen ist lediglich der Versuch, die eigenen Ressourcen vor Konkurrenten zu schützen, so wie dies in der Natur von allen Raubtieren getan wird. Es heißt ja bekanntlich auch nicht Futterfreund, sondern Futterkonkurrent. Das Anspringen von Menschen entstammt dem

Jungtiertrieb, wodurch einfach nur Futter gefordert wird. Das Bellen beim Klingeln dient dem Rudel als Warnung, dass sich Fremde in der Nähe befinden. Das Hinterherlaufen von Radfahrern entstammt dem Hetztrieb, wonach sich schnell bewegende Objekte (der Hund ist Sichtjäger und Beutegreifer) als jagdbare Beute gelten. Das Wälzen in Aas übermittelt den Rudelmitgliedern, dass es dort, wo man herkommt, etwas Fressbares gibt. Das vermeintliche Betteln am Tisch ist der völlig natürliche Versuch, Futterquellen zu sichern. Das Ignorieren von Kommandos, wenn der Hund die Nase am Boden hat, ist angesichts der Tatsache, dass der Hund grundsätzlich immer nur einen seiner Sinne gleichzeitig einsetzen kann, absolut logisch. Wie Sie sicherlich auch bemerkt haben, enthält die Aufzählung ausnahmslos das Wort »kein«. Wir finden nicht ein einziges positives bzw. erwünschtes Verhalten, dennoch sind dies die Anforderungen, die wir an unsere Hunde stellen, später dann leider auch an Therapeuten und Trainer, die es wieder richten sollen, wenn es Probleme im Zusammenleben gibt.

Wir Menschen stellen die falschen Fragen!

Die Frage »Warum tut er das?« ist falsch, denn hier müssen Sie sich überlegen, was Sie »Dagegen« tun können. Sie sind gezwungen, den Hund zwangsläufig zu korrigieren oder gar zu bestrafen, und zwar so lange, bis er aus Ihrer Sicht das Richtige tut. Die Frage, die wir uns stellen müssen, lautet: »Warum soll der Hund es in Ihrem Sinne besser machen?« Folglich müssen Sie darüber nachdenken, was Sie »Für« Ihren Hund tun können. Wenn ein Hund also aus unserer Sicht Fehler macht, sich »falsch« verhält oder »Unarten« entwickelt hat, dann dürfen wir ihn dafür nicht bestrafen, sondern müssen ihn eigentlich dafür loben, denn er hat aus seiner Sicht

artgerecht und richtig gehandelt. Wir sollten vielmehr uns selbst bestrafen, weil wir nicht in der Lage waren, ihm erwünschtes Verhalten zu vermitteln. Was passiert, wenn man den Hund bestraft? Genau zwei Dinge: 1. Wir handeln für den Hund unlogisch, denn welcher ernst zu nehmende Rudelführer bestraft artgerechtes Verhalten? 2. Wir implizieren immer Meideverhalten in den Hund, was bedeutet, er wird zuvor bestraftes Verhalten vermeiden, ohne zu wissen, was er besser machen kann! Korrigieren klingt erst mal gut, ist es aber nicht!

Das Problem wird dadurch nicht gelöst, sondern lediglich verlagert bzw. unterdrückt. Wenn man beispielsweise »Knurren« als Warnung des Hundes korrigiert und bestraft, wird er irgendwann ohne Vorwarnung zubeißen müssen, was bleibt ihm auch sonst anderes übrig? Wenn man das »Stehlen« vom Esstisch bestraft, wird sich der Hund seinen Teil heimlich nehmen, denn er konnte nicht lernen, dass Dinge auf dem Tisch dem Menschen gehören. Wenn wir einen Hund häufig bestraft haben, dürfen wir uns über auftretende sogenannte Zwangshandlungen wie z.B. stundenlanges Pfotenlecken, Fellausbeißen, Schwanzjagen usw. nicht wundern. Wenn er sein Problem bzw. seinen Konfliktzustand durch Knurren oder Ähnlichem nicht mehr nach außen hin zeigen darf, weil er dafür bestraft wurde, wird er alles nach innen verlagern und somit Konfliktpotential gegen sich selbst richten. Die meisten Verhaltensprobleme basieren auf einer gemeinsamen Ursache: Bestrafung durch den Menschen! Psychischer Druck hemmt die Lernbereitschaft und die Motivation des Hundes! Warum warten wir so lange, bis der Hund Fehler macht? Warum lassen wir ihn ins offene Messer laufen und überlegen uns dann, wie wir ihn bestrafen können, vielleicht noch unter dem Deckmantel artgerechter Korrektur mittels industriell hergestellter technischer Hilfsmittel? Ein Blick in menschliche Abgründe! Für den Hund bedeutet dies immer Angst, Schmerz, Stress bzw. jahrelanger Konflikt, und wenn es irgendwann zu heftig wird, gibt es ja immer noch Tierärzte, die ohne große Nachfrage einschläfern. Leider haben unsere Hunde hier kein Veto, sondern sind dem Menschen bedingungslos ausgeliefert.

Wir Menschen tun viel für unsere Hunde, jedoch nichts, um ihnen bei Problemen zu helfen!

Positive Bestrafung

Nicht genug damit, dass diese beiden Wörter in absolutem Widerspruch zueinander stehen, scheint der Angriff auf das Wesen Hund ungebrochen und tendiert zu immer abstruseren Thesen und Theorien. Was darf man sich unter einer positiven Bestrafung vorstellen? Wir machen beim Leinenruck ein freundliches Gesicht oder entschuldigen uns sofort beim Hund, nachdem wir ihn mit dem Stachelhalsband zum Jaulen gebracht haben? Welcher kognitiv falsch abgebogene Profilneurotiker hat sich so etwas einfallen lassen und in der Hundeszene verbreitet? Ja, es gibt in der Welt des Hundes nichts, was es nicht gibt. Wir mussten wieder einmal lernen, dass der Sumpf menschlicher Absurditäten unbarmherzig fortbesteht, ähnlich der kürzlich veröffentlichten Studie, wonach sich der frühe Mensch angeblich dem Wolf angeschlossen hätte und sich Wölfe somit selbst domestizierten. Ja, wir wussten eigentlich schon immer, dass das böse Rotkäppchen den armen Wolf gefressen hat und nicht umgekehrt. Wussten Sie übrigens, dass es neuerdings einen Wachtrieb gibt? Vorausgesetzt ein Wolf würde ein Schaf bewachen, um Futter für schlechte Zeiten zu haben, welchen Sinn ergäbe dieses Verhalten für ein Raubtier?

Freundliches Knurren

In der Wirtschaft nennen wir das ein Minuswachstum und im Sport heißt es »unbeabsichtigtes Foul«. Die Verdummungsstrategie scheint zu funktionieren, denn niemand regt sich über derlei widersprüchliche Wortkombinationen auf. Das Knurren von Hunden ist ein Warnsignal, zumindest aus Sicht des Hundes. Verbindet man nun ein subjektives Gefühl mit einer eindeutigen Tatsache, so entsteht ein Paradoxon, das unweigerlich zum Eklat führen muss. Waren Sie schon einmal gleichzeitig freundlich und aggressiv oder freundlich und ärgerlich? Die Bedeutung von »freundlich« ist klar definiert: »im Umgang mit einer anderen Person höflich und zuvorkommend«. Kennen Sie Hunde, die höflich und zuvorkommend sind, aber gleichzeitig dabei knurren? Wenn wir Hunden, also Raubtieren, solchen Unsinn andichten, dann erlauben wir uns künftig, den Urhebern solchen Unsinns, natürlich höflich und zuvorkommend, einen Tritt vors Schienbein verpassen zu dürfen.

Er soll es für mich tun und nicht für Leckerchen

Ja, ab morgen gehen Sie bitte ebenfalls umsonst arbeiten. Sicher haben Sie einen netten Chef und tun das gerne und freiwillig für ihn. Bei einem Vorstellungsgespräch würde Ihr zukünftiger Arbeitgeber bestimmt freudig auf so ein Angebot eingehen. Haben Sie einmal überlegt, warum ein erfolgsorientiertes Raubtier für nichts und wieder nichts aktiv werden sollte, und dies sogar noch mit Freude? Mal ganz abgesehen von den unzähligen Vorteilen, wenn man sich den Futtertrieb zunutze macht, muss der Hund doch ohnehin fressen. Warum also fürs Nichtstun Futter bereitstellen? Warum sträuben sich so viele Hundehalter, den Beutegreifer Hund mit Beute (Futter) zu belohnen? Sicherlich ist es einfacher und bequemer, das Tier für falsches Verhalten zu bestrafen, anstatt es für richtiges und erwünschtes Verhalten zu belohnen. Wieso sind wir Menschen in unserem Denken und Handeln aber derart blockiert? Aus Hundesicht ergibt es viel mehr Sinn, über den Tag verteilt mit Futter für richtiges Verhalten bestätigt zu werden, als abends alles auf einmal zu bekommen, ohne etwas dafür getan zu haben. Bei Trockenfutter kann man so z.B. 200- bis 300-mal am Tag bestätigen, je nachdem wie groß die Gesamtration ist. Fressen ist überlebenswichtig und ein Rudelführer, der eine überlebensnotwendige Ressource bei sich hat, muss für den Hund zwangsläufig auch wichtig sein, und zwar überlebenswichtig. Viele der heutigen Probleme mit dem Hund kann man über den Futtertrieb verbessern, teils sogar beheben. Hierzu zählen Verhaltensschwächen wie z.B. Futter-Stehlen, Aufmerksamkeitsdefizite, unsicheres Zurückkommen, Aas-Fressen und noch einiges mehr, und das innerhalb weniger Stunden. Kein Lebewesen auf dieser Erde, inklusive des Menschen, tut etwas umsonst. Warum denken Sie, Ihr Hund würde dies tun wollen? Alle Zirkustiere, Tiere, die Kunststücke erlernt haben, wurden seit je her über Futter trainiert. Es ist und war immer die Triebfeder jeglichen Lebens: Leistung für lebenswichtige Nahrung. Dachten Sie denn, bei uns Menschen war dies vor der Erfindung des Geldes anders? Sie arbeiten nicht für Geld, Sie arbeiten – wie auch der Hund – für Nahrung. Würden Sie arbeiten gehen, wenn Sie keinen Vorteil hierdurch hätten? Würde ein Hund bei Ihnen bleiben, wenn Sie ihn nicht mehr füttern?

Die Wahrheit über Zerrspiele und Dominanz

Mittlerweile wissen viele Hundebesitzer, dass man mit dem Hund keine Zerrspiele veranstalten sollte. Die Aussage vieler Experten dazu lautet: »Wenn der Hund bei Zerrspielen häufig gewinnt, wird er dominant.« Wie wir bereits erfahren haben, wird dabei allzu häufig übersehen, dass ein dominantes Verhalten voraussetzt, dass sich jemand dominieren lässt! Wollen wir das als Rudelführer? Nein! Somit trifft dieser Begriff schon nicht mehr auf die Konstellation Hund und Mensch zu. Warum sind Zerrspiele nun aber nicht ratsam? Eine einfache Tatsache zeigt uns die Antwort auf diese Frage: Ressourcen, die nicht von irgendjemandem kontrolliert werden, werden vom Hund beansprucht, und dies völlig zu Recht. Ein Alphatier,

welches nach der Nahrungsaufnahme die Reste der übrigen Beute den anderen Rudelmitgliedern überlässt, wird sich bei erneuter Annäherung an diese Beute seinen Teil erkämpfen müssen, immerhin hat es durch sein Ablassen und Weggehen Futter freigegeben und wird nicht automatisch den besten Platz am Kadaver zurückerhalten. Sein Alphastatus nützt ihm hier nichts. Warum also »streiten« wir Menschen mit dem Hund um Beute, die uns als Rudelführer von vornherein zustand? Leider haben Sie ihm aber vor wenigen Minuten Spielzeug oder Futter überlassen und wundern sich, wenn er es nicht mehr freiwillig abgibt. Alleine durch derart sinnloses Handeln laden wir das Raubtier Hund dazu ein, mit dem Menschen um dessen Status zu kämpfen. Dies führt in vielen Fällen zu einer sogenannten Ressourcenaggression gegen den Menschen und es trifft dabei häufig die Schwächsten in der Sozialstruktur, unsere Kinder!

Letzte Hilfe – Stationäre Ausbildung

Die gemachten Versprechungen klingen nur zu gut: Man gebe seinen Hund für einen mehr oder weniger langen Zeitraum in »erfahrene« Hände. Man sagt, was einen stört, und bekommt einen wohlerzogenen Hund zurück. Die Kosten sind vergleichsweise hoch, aber wenn es ohne eigene Anstrengung möglich ist, aus einem Rüpel einen Vorzeigehund zu machen, was kann es Schöneres geben? Träumen Sie schon von entspannten Spaziergängen mit Ihrem Hund? Keine umdekorierte Wohnung mehr, wenn Sie nach Hause kommen? Sehen Sie entspannte Nachmittage unter friedlich »spielenden« Hunden vor Ihrem geistigen Auge? Träumen Sie ruhig weiter! Vielfach hat man durch Unwissenheit, Expertentipps sowie Welpenspielgruppen alles falsch gemacht, was man nur falsch machen kann. Man beschließt, das Tier in eine stationäre Ausbildung zu geben. Den finanziellen Aufwand bis zu 3000,– Euro nimmt man gerne in Kauf, denn dieser Leinenrüpel und durchweg ungehorsame Hund raubt einem den letzten Nerv. Immerhin hat man bereits fast alles, was in Büchern steht, ausgenommen Stromhalsbänder, an seinem Hund »ausprobiert«. Das Resultat war immer das gleiche: Es wurde langfristig gesehen schlimmer. Aggression gegenüber Artgleichen führte so weit, dass man nur noch nachts spazieren ging und alle Orte gemieden hat, an denen sich andere Hunde vermuten ließen. Man bringt den Hund also in eine viel beworbene Ausbildungsstätte und füllt eine Liste mit all den Punkten aus, die einen als Hundehalter verzweifeln lassen. Das Bauchgefühl ist nicht wirklich positiv, aber immerhin sind das Fachleute, die wissen, was sie tun! Nach sechs Wochen kann man sein Tier wieder abholen. Ein nach der Ausbildung notwendig gewordenes Stachelhalsband zur »Festigung des erlernten Verhaltens« gibt es gratis in passender Größe dazu! Was man zurückbekommt, ist allerdings schockierend: Ein Hund mit extremen Meideverhalten, der »gebrochen« wirkt und massiv eingeschüchtert scheint. Als Laie ist man nicht in der Lage, zu erkennen, was dort passiert ist, man ist vielmehr stolz darauf, endlich keine Probleme mehr zu haben. Diese fangen jedoch nach wenigen Tagen zu Hause wieder an und nehmen Ausmaße an, die sich nur schwer beschreiben lassen. Es werden Zwangshandlungen sichtbar. Das Tier beißt sich die Pfoten auf und leckt sich die Haut wund. Tägliche Tierarztbesuche kosten in der Summe dann schnell über 500,– Euro. Nicht sehr befriedigend, immerhin hat man gerade erst eine Menge Geld in die Eliteausbildung seines Hundes investiert. Da das Ergebnis mehr als unbefriedigend ist, ruft man den Geschäftsführer und Hundetrainer an, der den Hund »therapiert« hat, er sagt: »Kommen Sie vorbei, ich zeige Ihnen, dass der Hund etwas gelernt hat!« Notfalls gibt es für 750,– Euro einen Auffrischungskurs. Und tatsächlich: Dort funktioniert der Hund wie ein Uhrwerk und eine Videodokumentation beweist den vermeintlichen Erfolg. Jedes Mal wenn man voller Stolz seinen Bekannten und Kritikern die Bänder vorführt, denkt man sich aber: Warum funktioniert es bei mir nicht? Die Videos zeigten in der Konfrontation mit den vorher so gehassten Artgleichen, ein scheinbar entspanntes Tier, selbst bei den verhassten Joggern und Katzen hat der Hund scheinbar keine Probleme mehr. Durch die Tatsache, dass man trotz stationärer Ausbildung immer noch einen Hund mit Problemverhalten inklusive Zwangshandlungen besitzt, kommt man schnell an die persönliche Belastungsgrenze und es bleibt nur noch ein Ausweg: Werde selbst zum Experten und biege es wieder gerade! Meine Ausbildung bei Hundewelten ist nun vorüber und ich konnte vielen Hunden und Menschen helfen, auch meinem eigenen Hund. Besagte Videos habe ich mir nach der Ausbildung zur Problemhundetherapeutin bei Hundewelten noch mehrmals angeschaut, allerdings nicht ohne Tränen und Wut auf meine Gutgläubigkeit. Da ich nun in der Lage bin, zu erkennen, »wie dort gearbeitet wurde«, bin ich sicher, dass unnötigerweise Starkzwangmittel verwendet wurden, die meinem

Hund mehr geschadet als geholfen haben. Hüten Sie sich bitte vor derartigen Angeboten der stationären Ausbildung! Sie können nicht beeinflussen oder kontrollieren, was dort mit Ihrem Tier gemacht wird. Was in dieser Umgebung an neuen Regeln Gültigkeit hat, muss noch lange nicht bei Ihnen zu Hause gelten. Alle meine damaligen Probleme mit meinem Hund begannen zu Hause, also muss man auch hier ansetzen. Der Hundehalter kann sich bei stationärer Ausbildung nicht im selben Maße wie der Hund verändern, dies wäre aber Voraussetzung für eine erfolgreiche Therapie und für dauerhaften Erfolg. Sofern Sie also einen Hund mit Problemverhalten zu Hause haben, konsultieren Sie Hundetherapeuten, die zu Ihnen nach Hause kommen, fragen Sie deren Hintergrundwissen ab, welches Sie durch Lesen dieses Buches bereits haben. Wenn Sie, wie ich, ähnliche Tipps und veraltete Ansichten über Hunde hören und deren Verbreiter nicht wissen, warum sie diese Techniken empfehlen oder dieses oder jenes Hilfsmittel benutzen, verabschieden Sie sich besser von der Vorstellung, ein Fremder könnte Ihren Hund besser erziehen als Sie selbst. Nehmen Sie sich die Zeit, gemeinsam MIT Ihrem Hund zu arbeiten, statt GEGEN seine Natur zu kämpfen.

Kommando NEIN!

Hand aufs Herz, wie oft pro Tag verwendet man als Hundebesitzer das Wort »Nein« am Hund? Eine Befragung bei Hundehaltern hat ergeben: 40- bis 80-mal täglich! So mancher Hund denkt bereits, »Nein« wäre sein Name. Es scheint das Universalkommando für jede Lebenslage im täglichen Miteinander zu sein. Was aber bedeutet »Nein?« Zugegeben, primär ein Abbruch der aktuellen Handlung des Hundes, denn wenn das Wort »Nein« gesprochen wird, so geschieht dies durch einschüchternde, laute und bedrohliche Stimme. Was aber kommt danach? Warum müssen wir unseren Hund ständig aufs Neue durch ein »Nein« daran erinnern, dass er nicht wieder auf die Couch springen soll? Wenn Sie sich setzen möchten und Ihr Partner Sie mit einem »Nein« daran hindern will, löst das Ihr Problem »Ich möchte sitzen«? Sicherlich nicht! Es fehlt also die Alternative, denn würde man Ihnen anbieten, statt auf der Couch einen Platz auf dem Stuhl einzunehmen, könnte man sich das »Nein« genauso gut sparen, oder?

Das Ignorieren

»Wenn Ihr Hund Sie anspringt, dann ignorieren Sie ihn ein bis drei Tage lang.« Solche oder ähnliche Verhaltenstipps bekommt man als Hundehalter zur Genüge, inklusive der ernüchternden Tatsache,

dass sich das Problem »Anspringen« deswegen nicht erledigt hat. Wenn wir uns bewusst darüber sind, dass unser Raubtier Hund im Hier und Jetzt, also in der Gegenwart, lebt, und wenn wir uns daran erinnern, dass wir den Hund innerhalb von wenigen Sekunden für richtiges Verhalten loben müssen, weil er sonst das Lob nicht mit der vorher gezeigten Aktion verknüpfen kann, dann fragen wir uns allen Ernstes, wie man auf den Unsinn des Ignorierens kommen kann. Zurück zum oben beschriebenen Beispiel: Der Hund springt also Menschen beim Betreten der Wohnung an. Zugegeben ist das lästig und nervig, vor allem wenn Sie die Hände voller Einkaufstaschen haben. Sie kämpfen sich also nun mit Ihrer Tragelast am wild hochspringenden Hund vorbei bzw. drehen sich von ihm weg und »ignorieren« ihn für den Rest des Tages. Was geschieht hier aus Sicht des Hundes? Durch Ihr »Nichtstun« signalisieren Sie dem Hund: »Es ist okay und erlaubt, was du tust«, und nebenbei erwähnt, wird dem Hund hierbei wieder keine Alternative gegeben, was bedeutet, er muss den »Fehler« immer wieder machen und Sie dürfen sich jeden Tag aufs Neue darüber ärgern. Der Hund hat nach spätestens 10 Sekunden vergessen, warum er ignoriert wird, und versteht die Welt nicht mehr. Noch viel weniger kann er Sie als Rudelführer verstehen und ernst nehmen, denn ein Anführer ist alles andere als ignorant. Die Basis Ihres Miteinanders leidet unter dem Ignorieren und man muss sich nicht wundern, wenn der Hund sein problematisches Handeln weiter ausbaut, verstärkt oder durch Ihre Passivität auch auf andere Bereiche überträgt. Stellen Sie sich die Konsequenzen vor, wenn ein Hund einen Menschen beißt und man das Problem ignorieren würde. Haben wir dadurch irgendetwas gewonnen? Nein! Ein weiteres Beispiel für völlig unfähige Hundeexperten sind Aussagen von Diplom-Verhaltensbiologen, die in ihrer Fehleinschätzung und ihrem dilettantischem Halbwissen nicht mehr zu überbieten sind. Da hat man doch tatsächlich problemgeplagten Hundehaltern auf einem Seminar Folgendes empfohlen: »Wenn Ihr

Hund Menschen beißt, nehmen Sie ein rotes Kopfhalfter, er beißt zwar noch, aber andere fassen ihn dann nicht mehr an, weil Rot signalisiert STOPP – nicht anfassen.« Eine andere Aussage lautete: »Jagen ist völlig aggressionsfrei, macht den Hund glücklich und dient keinem Selbstzweck!« Die absolut schlimmste Aussage aber war Folgende: »Wenn der Hund die Couch knurrend verteidigt, sagen Sie ›schade‹ und sperren ihn für 20 Minuten ins Badezimmer. Wenn er dann im Bad randaliert, lassen Sie ihn 40 Minuten drin, da er somit lernt: Knurren führt zu sozialem Ausschluss!« Wenn »Experten« dieses Kalibers auf Hund und Halter losgelassen werden dürfen, fragen wir uns wirklich, ob man solche Leute zum Schutz der Hunde nicht besser einsperren sollte, natürlich ins Badezimmer (für mindestens 4 Jahre)!

Der Mensch macht den Hund zu dem, was er ist, nun soll ein Hilfsmittel die Fehler des Menschen am Hund korrigieren.

Der Schnauzgriff

Landläufig wird der »Schnauzgriff« leider immer noch als Maßregelung für ungewolltes Verhalten von Hunden durchgeführt. Was soll das bringen und was bewirkt es wirklich bei Hunden? Bekamen Sie diesen »Kniff« auch an die Hand, um Ihr Tier zu »maßregeln?« Nun, wenn Ihnen jemand anrät, Ihrem Kind den Mund zuzuhalten, wenn es etwas in selbigen steckt, tun sie das dann auch? Nein? Da gehen Sie wohl eher auf die Barrikaden und stehen fassungslos vor dem Ratgeber. Sicher wird dieser »Schnauzgriff« oder besser »Schnauzenbiss« innerartlich durchgeführt. Wohlgemerkt innerartlich! Der Mensch ist kein Hund und wird niemals dieses feine und vielfältige Zusammenspiel von Mimik, Gestik und Körpersprache umsetzen können. Dem »innerartlichen Schnauzenbiss« geht immer erst einmal eine Reihe von Kommunikationssignalen voraus, und nur wenn diese Signale vom Gegenüber nicht akzeptiert werden, kommt es zu einer aktiven Anwendung. Ist man sich dessen bewusst, dürfte schnell klar werden, dass der Hund diese Art der Maßregelung seitens des Menschen nicht verstehen kann und die Umsetzung vollkommen unsinnig ist. Die Folgen des Einsatzes durch den Menschen beim Hund sind Konflikt, Unsicherheit und nicht selten Gegenwehr. Und wieder sind wir an dem Punkt, an dem wir uns fragen müssen: WER hat es versäumt, dem Hund bereits im Ansatz das gewünschte Verhalten zu vermitteln? Unerfahrene Hundehalter trifft hier nicht die Schuld, aber sogenannte »Hundeexperten« sollten sich überlegen, ob es der richtige Weg ist, Hunde permanent mit unsinnigen Vorgehensweisen zu korrigieren. Sie sollten es doch eigentlich besser wissen, denn nicht selten hat man ja studiert! Der Schnauzenbiss gehört übrigens zum Repertoire des defensiven Aggressionsverhaltens. Bei Anwendung durch den Menschen interagieren wir also aggressiv und eben nicht korrigierend. Man stellt sich unweigerlich die Frage, was da so alles studiert wird und wie viel »pro« Hund diese Fachleute sind. Würden Sie Ihrem Kind bei Fehlverhalten den Mund zuhalten, würde es sich vermutlich wehren oder aber beim nächsten Mal vor Ihrer Hand zurückzucken. Denken Menschen wirklich, sie könnten eine positive Abhängigkeit zu ihrem Hund herstellen, wenn sie Hand an ihn legen? Was wird stattdessen aus solch einer Maßnahme resultieren? Der Hund wird sich irgendwann gegen diese Handlung auflehnen müssen, denn das gemaßregelte Verhalten ist lediglich Symptom. Er wird versuchen, in die Hand zu schnappen, bevor ihn die unangenehme Handlung erreicht. Die andere Variante ist ein etabliertes Meideverhalten. Sicher wird Ihr Hund genau die Aktion irgendwann vermeiden, welche ihm unangenehm war, aber er wird auch anfangen, den Aggressor Mensch zu meiden, und im Vorfeld mit Beschwichtigung reagieren. Aber dann kann man ja sagen: »Der weiß genau, dass er das nicht darf.« Ja, weiß der Hund das tatsächlich? Dann fragen Sie sich bitte, warum er es immer wieder tut, denn warum sollte er sich selbst schaden wollen, und vor allem, warum sollte er Ihnen schaden wollen? Das ergibt keinen Sinn und ist somit Unsinn. Hunde führen den Schnauzenbiss mit ihrer Schnauze aus, Menschen den analogen Schnauzengriff mit der Hand. Genau diese Hand soll jedoch in anderen Situationen vom Hund als »angenehm« empfunden werden, wenn man ihn streicheln will. Woher soll der durch den Schnauzengriff gemaßregelte Hund Ihre Handlungsabsicht erkennen können?

Das Nackenschütteln

Um diese Unsinnigkeit verstehen zu können, muss man sich erst einmal im Klaren darüber sein, was das Nackenschütteln für den Hund bedeutet. Der Hund ist ein Beutegreifer und der Tötungsakt erfolgt bei kleineren Beutetieren durch das »In-den-Nacken-Beißen« oder durch Genickbruch mittels Schütteln. Der Mensch strebt ein stressfreies und harmonisches Zusammenleben mit dem Hund an. Der Vierbeiner soll dem Menschen gerne und freiwillig folgen, gehorsam sein und keine Angst haben. Sind dies nicht die Erwartungen, die der Mensch an seinen Hund hat? Wie aber soll dies funktionieren, wenn der Mensch versucht, den Hund (aus Hundesicht) zu töten? Wie kommt man nur darauf, dass diese Tötungsabsicht keine Aggression auslöst? Sicher wird der Hund nicht versuchen, den Menschen zu töten, weil dieser ihn im Nacken gefasst und geschüttelt hat. ABER – und dies ist ein großes ABER – der Hund wird tun, was er tun muss, und dies mit 100 % Konsequenz: sich wehren! Verhaltensweisen entwickeln sich zu einer Odyssee. Denken Sie mal darüber nach und hinterfragen Sie jegliche Form der körperlichen Korrektur am Hund, die Ihnen geraten wird. Behalten Sie immer im Hinterkopf: Alles, was Ihr Hund zu Ihrem Unmut tut, macht er nur aus einem Grund: Man hat ihm nicht gezeigt, was er stattdessen besser machen kann.

Der Leinenruck

Nicht genug damit, dass der Hund durch einen Ruck an der Leine weder das Ziehen lässt, noch lernt, wie er an lockerer Leine laufen soll, ist das Leinerucken nichts anderes als ein gewaltsamer Versuch, den Hund für einen kurzen Moment an entspannter Leine zu sehen. Da er durch einen Ruck am Hals nicht lernen kann, wie er generell anders laufen soll, wird er in verschiedenen Situationen immer wieder nach vorne ziehen. Es ist eine unendliche Geschichte, welche

auch noch gesundheitliche Schäden zur Folge haben kann. Hier lege sich Mensch bitte einmal selbst Halsband und Leine an und bitte einen anderen Menschen darum, ordentlich daran zu rucken. Letztendlich spiegelt ein Ruck und damit Gewalt am Hund lediglich die Hilflosigkeit des Menschen wider. Aus unserer Sicht kann der Hund so etwas Banales wie Leinenführigkeit innerhalb von wenigen Minuten erlernen. Hierbei bedarf es keinerlei Korrektur, vielmehr wird es der Hund freiwillig und aus eigenem Antrieb heraus tun. Warum sollte er auch nicht? Denken Sie wirklich, es macht dem Hund »Spaß«, sich selbst die Kehle abzuschnüren? Denken Sie vielleicht, er findet Gefallen an Schmerzen? Wohl kaum! Geben Sie Ihrem Hund einfach einen guten Grund, neben Ihnen zu laufen, und er wird nichts lieber tun.

Durch Unterordnung kann man Verhaltensprobleme lösen

Immer wieder werden Hundehalter mit folgenden Aussagen konfrontiert, wenn der Hund Fehl- oder Problemverhalten zeigt: »Sie müssen die Unterordnung mit Ihrem Hund machen«, »Um das Problem zu lösen, muss der Hund die Unterordnungskommandos lernen«. Glauben Sie tatsächlich, dass sich z.B. Aggression gegen Artgleiche verringert, wenn man seinem Hund ein »Sitz«- oder »Platz«-Kommando einhämmert? Was lernt der Hund durch derartiges Training, wenn man ihn zwingt, sich beim Anblick von Artgleichen hinzusetzen oder hinzulegen? Nichts, denn sonst müsste man nicht in jeder folgenden Situation wieder agieren und diese Kommandos durchsetzen. Voraussetzung ist zudem, dass der Hundeführer jeden Artgleichen vor seinem Hund bemerkt, ein aussichtsloser Plan mit

noch weniger Aussicht auf Erfolg. Symptomtherapie nennen wir das, seriöse ursächliche Verhaltenstherapie sieht anders aus. Für eine erfolgreiche und dauerhafte Therapie muss das Tier kontrolliert mit den Auslösern konfrontiert werden, ein »Sitz« oder »Platz« verändert niemals die Ursache des Problems. Bestenfalls haben Sie das Problemverhalten unterdrückt. Lernverhalten bedingt, dass der Hund in solchen und ähnlichen Stresssituationen mit Artgleichen gelernt hat, sich an den Hundeführer zu wenden und diesem die Kontrolle über die Situation zu überlassen. Hat der Hund nun durch die Unterordnungskommandos wie »Sitz« oder »Platz« wirklich gelernt, Artgleiche sind keine Bedrohung mehr? Nein, denn ohne diese Korrekturkommandos wird der Hund nach wie vor aggressiv reagieren.

Anknurren muss bestraft werden

Prima Idee, »wie kann es ein Hund auch wagen, die Hand, welche ihn füttert, anzuknurren, das muss man in jedem Fall unterbinden«. So, oder so ähnlich lautet der »Fachrat« von Mitbewerbern in den meisten Fällen. Nun, das kann man machen, es lohnt sich aber nicht. Das Knurren bedeutet in der Hundesprache nichts anderes als eine Warnung. Man nimmt einem Individuum also alle Warnmöglichkeiten und stellt diese womöglich noch unter ein Meideverhalten, denn nicht selten werden Hunde körperlich bestraft und gemaßregelt, wenn sie knurren. Was hat das Raubtier nun gelernt: Mein Problem hat sich nicht gelöst, Knurren wird nicht akzeptiert, dann schnappe oder beiße ich jetzt zu. Schnappen und Beißen ist aber auch nicht zu akzeptieren, so maßregeln wir erneut. »Der Hund wird immer dominanter« bekommen Hundehalter dann zu hören. Diese Vorgehensweise sollte unter dem Titel laufen: »Wie verheize ich meinen Hund am schnellsten?«. Deshalb unser Appell an Sie als Hundehalter: Suchen Sie sich kompetente Hilfe, um Ursachen zu verändern. Knurren muss einen Grund haben.

Bitte haben Sie Verständnis dafür, dass wir auf den folgenden Seiten spezielle Produktnamen bzw. Herstellernamen im Hinblick auf geltende Markenrechte nicht nennen dürfen.

Das Stachelhalsband

In der Hundesportszene ist das Stachelhalsband auch bekannt unter den Namen Korallen- oder Dressurhalsband. Ein »Kynologe« erklärte uns kürzlich die richtige Anwendung dieser vermeintlich »natürlichen« Erziehungshilfe: »Man muss den Hund eben manchmal korrigieren.« Eine gute Idee, wir bestrafen ihn durch das Zufügen von Schmerzen am Hals für Verhalten, welches der Mensch ihm so beigebracht hat, statt mit ihm im Ansatz so zu arbeiten, dass er überhaupt keine Fehler machen muss. »Die korrekte Anwendung des Halsbandes bedeutet in diesem Fall, dass man zur Strafe genau ZWEIMAL kräftig und schnell hintereinander am Halsband ziehen muss. Das imitiert das Nackenschütteln der Mutterhündin und das Tier weiß dann Bescheid. Durch die zusätzliche Hebelwirkung der Leine kommt das dann auch artgerecht am Hund an.« Welch ein Unsinn! Sicherlich schütteln Hunde so manchen Nacken, allerdings den ihrer Beute, um dieser das Genick zu brechen! Welche Mutter-

hündin tut dies, um ihre Welpen zu erziehen? Unsere Haushunde hatten, wie bereits erwähnt, sehr viel Zeit, um sich dem Menschen anzupassen, nun beginnen wir, mit »hündischem Verhalten« am Hund herumzuzerren. Was soll das Tier hier lernen außer Meideverhalten und dass vom Hundeführer artgerechtes Verhalten wieder einmal bestraft wird? Der weiterführende Tipp lautet: »Stachelhalsbänder haben einen schlechten Ruf, machen Sie am besten ein Halstuch drüber oder kaufen Sie sich eins mit Nylonüberzug.« Tolle Idee, ich benutze so ein Hilfsmittel und um nicht (zu Recht) gesellschaftlich angegriffen zu werden, vertusche ich mein Handeln. Die Krönung der Anwendertipps kommt aber hier: »Legen Sie es ganz eng direkt hinter den Ohren an, der Hund wird nichts mehr tun!« Sehr richtig, wenn sich bei der kleinsten Bewegung circa 15 Stahlstacheln in den Kehlkopf bohren, werde auch ich mich nicht mehr aktiv bewegen wollen. »Es ist nicht schlimm, die Spitzen sind abgerundet bzw. haben Gummikappen drüber.« Ob das wirklich einen Unterschied macht? Ja, es fließt kein Blut und die Anwendung kann nicht durch äußere Verletzungen nachgewiesen werden. Die Kehlkopfschäden lassen wir mal außen vor, etwas viel Schlimmeres vergessen ALLE Anwender dieser Halsbänder scheinbar: Es wird Symptomarbeit betrieben und niemals an der Ursache des für uns störenden Verhaltens gearbeitet! Geht es bei einem Hund, welcher stark an der Leine zieht, wirklich um das Problem, DASS er stark an der Leine zieht (Symptom), oder geht es vielmehr ursächlich darum, dass er keine Aufmerksamkeit uns gegenüber hat und uns die Führung auf dem Rundgang durch UNSER Revier nicht überlässt? Wird dieser Hund durch ein Stachelhalsband lernen, ordentlich an der Leine zu gehen, und wird sein kontrollierendes Verhalten in anderen Lebensbereichen (an der Tür, wenn es klingelt, im Auto, am Gartenzaun) damit auch gelöst? Nein, mit Sicherheit nicht! Der Hund hat nichts Sinnvolles durch ein Stachelhalsband gelernt. Wie reagiert er, wenn wir ihn nun mit einem normalen Halsband ausführen wollen? Richtig, genauso schlimm wie vorher oder noch schlimmer! Nicht selten entwickeln Hunde hier eine Halsband- und Handscheue. Dieses Verhalten zeigt sich dann auch beim Anlegen eines »normalen« Halsbandes, denn der Hund verknüpft nicht das Objekt selbst, sondern die Körperbewegungen des Menschen beim Hantieren mit dem Utensil und die darauf folgenden Schmerzen. Die Folge der Benutzung von Stachelhalsbändern ist also: Probleme werden schlimmer und es kommen neue hinzu! Wussten Sie übrigens, dass das Stachelhalsband im Sinne des Erfinders durchaus seine Berechtigung hat, nämlich dann, wenn es bei sogenannten »Herdenschutzhunden« andersherum angelegt wird (Stacheln nach außen)? So kann verhindert werden, dass andere Raubtiere wie z.B. Wölfe den tödlichen Biss an Nacken und Kehle ansetzen können. Es hatte also richtig herum angelegt eine Schutzfunktion.

Technische Halsbänder

Dieses technische Hilfs- bzw. Starkzwangmittel funktioniert nach dem Anlegen wie folgt: Der Hund zeigt unerwünschtes Verhalten, der Hundehalter drücke bitte das Knöpfchen der mitgelieferten Fernbedienung, so dass der Hund sofort durch einen »Stromimpuls« (so lautet die liebevolle Anwender- und Herstellerbezeichnung für den Stromstoß) für unerwünschtes Verhalten bestraft wird. Los geht es: Der Hund erfährt auf Knopfdruck einen vorher in der Intensität einstellbaren »Stromimpuls«, welcher aber selbst auf stärkster Stufe »nicht wirklich schmerzhaft ist« und »nur kribbelt«. Nun, ein Kribbeln konnten WIR bei dem Test nicht feststellen, eher einen starken Schmerz, aber wahrscheinlich sind wir zu empfindlich, immerhin tragen wir im Gegensatz zum Hund kein Fell. Bei der Verwendung dieses Hilfsmittels haben wir es mit bereits bekannten

Problematiken zu tun: Man bestraft zum einen völlig artgerechtes Verhalten, zum anderen hat der Mensch versäumt, dem Hund etwas Sinnvolles beizubringen und letztlich erhält man wieder ein Meideverhalten. Das Problem wird nicht gelöst, sondern nur verlagert. Als Mensch ändere ich meine Verhaltensweise dem Hund gegenüber nicht, also kann auch der Hund sich in seinem Verhalten mir gegenüber nicht verändern! Um der gefürchteten Gewöhnung des Hundes an das Halsband entgegenzuwirken, geben viele Hersteller Attrappen mit in den Lieferumfang. Man lege dem Hund die Attrappe eine gewisse Zeit vor dem eigentlichen Training an, dann verwende man das »echte« Halsband und therapiere vermeintliches Problemverhalten. »Da hat aber jemand mitgedacht«, könnte man meinen. Da ein Hund alles andere als dumm ist und er Strafe natürlich irgendwann mit dem Halsband verknüpft, müssen wir uns nicht wundern, wenn sich auch hier eine Halsbandscheue dazuaddiert. Und wieder einmal hat der Hund nichts außer Schmerz gelernt, oder glauben Sie, ein Türklingel-Problem hat primär tatsächlich mit dem Klingelton oder dem Besuch zu tun? Würde die Ursache behoben, wären die beschriebenen Symptome ebenfalls Geschichte. Mal eine Frage unter uns: Ist es sinnvoll, artgerechtes Bellen, zum Beispiel wenn es an der Tür klingelt, überhaupt zu bestrafen? Oder sollte man seinen Hund nicht besser kurz für seine Mitteilung an uns loben und ihm somit zeigen: »Ich nehme DICH war, ICH kümmere mich jetzt um unsere Sicherheit und ich übernehme die Verantwortung.«?

Die flexibel-ausziehbare Roll-Leine

... wird auch »Langlaufleine« genannt. Hersteller bieten sie in unterschiedlichen Längen und Größen für alle Rassen an. Gedacht ist die Leine, um dem Hund, der z.B. nicht zuverlässig gehorcht oder Jagd-/Hetztrieb entwickelt hat, dennoch einen gewissen Freilauf zu gönnen. So hat man laut Hersteller »den Hund unter Kontrolle und er kann sich trotzdem frei bewegen«. ABER hat man bei abgerollter Leine wirklich noch Kontrolle über den Hund? Ist die Sicherheit auf einer Distanz von bis zu 8 Metern wirklich noch gewährleistet? Wir glauben nicht. In Situationen, die den Hund ängstigen oder ihm anderweitig Probleme bereiten, ist so eine Entfernung bereits zu groß, um als Mensch im Notfall rechtzeitig eingreifen zu können. Stellen Sie sich vor, Sie laufen mit Ihrem Hund auf einem Weg, der gerne auch von Radfahrern genutzt wird. Ihr Hund erschrickt auf Grund der Fahrradklingel und springt zur Seite. Können Sie mit abgerollter flexibler Roll-Leine verhindern, dass er ins Fahrrad springt? Sie werden kaum noch Einfluss darauf haben, wenn sich Ihr Hund in 4 bis 8 Meter Entfernung befindet. Ein anderes Beispiel: Sie laufen mit Ihrem Hund an der flexiblen und ausrollbaren Leine und ein Kind kommt um die Ecke mit Fressbarem in der Hand. Sind Sie schnell genug, den Hund daran zu hindern, am Essen des Kindes zu schnuppern oder am Kind hochzuspringen? Wohl kaum. Nur wenige Eltern haben dafür übrigens Verständnis. Nachvollziehbar, denn immerhin passieren genug Unfälle in der Konstellation Kind und Hund. Sie sind als Hundehalter in der Pflicht, die Verantwortung für das Handeln Ihres Hundes zu übernehmen. Eine flexible Leine kann Ihnen diese Sicherheit nicht geben. Des Weiteren stellt sich die Frage, ob der Hund sich frei bewegen muss? Haben Sie Ihren Hund mal gefragt? Sicher ist, dass durch die Verwendung derartiger Leinen weder eine Form von Sicherheit noch eine wirkungsvolle Kontrolle aufgebaut werden kann. Die »Geh du deinen Weg, ich geh meinen Weg«-Mentalität ist weder sinnvoll noch verantwortungsbewusst. Eigentlich schade: Erst kaufen wir uns einen Hund und dann verbringen wir die meiste Zeit damit, uns Gedanken darüber zu machen, wie wir möglichst wenig Arbeit mit ihm haben. Wie sinnvoll!

Die Beinleine/das Beingeschirr

Der Hersteller verspricht durch diese Erfindung eine bessere Leinenführigkeit. Dieses Produkt wird dem Hundehalter besonders empfohlen bei »Starkem-an-der-Leine-Ziehen«, bei »Therapien zur Bewältigung von Angst« und bei »Aggressionen gegen Artgleiche und Menschen«. Laut Hersteller richtet sich die Konzentration des Hundes durch die Beinleine auf den Hundehalter. Der Hundeführer wird somit angeblich entlastet! Das Wort sagt es schon aus: Es handelt sich um eine Leine/Geschirr für das menschliche Bein. Einfach umgebunden und alles funktioniert wie von selbst. »Der Hund hört auf zu ziehen und alle anderen Probleme und auffälligen

Verhaltensweisen sind sofort verschwunden.« Wie einfach doch Hundeerziehung ist. Leider weit gefehlt. Zuerst muss die Frage erlaubt sein: Warum spare ich mir nicht das Geld und binde mir meine eigene Leine ums Bein? Ach nein, die Wirtschaft muss angekurbelt werden und es wäre wahrscheinlich nicht trendy genug. Die zweite Frage, die sich aufdrängt, ist: Was lernt der Hund hierdurch? Welche Alternative bekommt er zum bestehenden Problemverhalten? Wie so oft entzieht sich der Halter auch hier wieder der Verantwortung und kauft sich lieber ein angebliches Allheilmittel, anstatt seinen Hund aktiv zu erziehen. Warum lassen wir es auch hier so weit kommen, dass der Hund an der Leine ziehen muss? Der Hund nimmt uns am anderen Ende der Leine nicht mehr wahr, weil alle anderen Reize wichtiger sind als der Mensch. Gefährlich wird dies bei einer Aggression gegen Artgleiche, denn die Leine bzw. das Geschirr wird die Ursache des Problems nicht beheben. Grundsätzlich wird er trotz Leine/Geschirr weiter Artgleiche attackieren wollen. Die Folgen sind absehbar: Das Bein des Halters wird weggerissen und dieser landet mit viel Glück unsanft auf dem Steißbein. Selbst wenn der Hund an der Beinleine weniger Probleme zeigen würde, nehmen viele Besitzer fälschlicherweise an, dass das Problem dadurch gelöst sei. Es ist ein Trugschluss, zu glauben, mit diesem Hilfsmittel könne man etabliertes Problemverhalten beheben. Damit so etwas überhaupt in die Richtung des gewollten Effektes geht, müssen grundsätzliche Dinge in der Erziehung zwischen Mensch und Hund geklärt werden. Egal, ob der Hund aggressiv oder ängstlich reagiert. Eine weitere Aussage von Herstellern: »Durch Anlegen einer Beinleine bekommt man bestehende Ängste des Hundes in den Griff …«, ja und heute ist wieder mal Weihnachten. Jedem klar denkenden Menschen müsste bewusst sein, dass man Angst nicht durch unsinnige Hilfsmittel wie eine Beinleine in den Griff bekommt, oder löst sich Ihre Angst vor Spinnen, Ratten, Kakerlaken etc., nur weil man Sie zwingt, bei jemandem zu bleiben, der keine

Angst dabei empfindet? Sehr viel hilfreicher wäre es doch, wenn jemand den Angst auslösenden Faktor unter Kontrolle hätte. Die Ursache wäre behoben.

Das Antibellhalsband

Die Beschreibung für das Antibellhalsband gemäß Gebrauchsanweisung lautet: »Ein Antibellhalsband ist eine hervorragende Erziehungshilfe, um dem Hund z.B. das Bellen, Aggression gegen Menschen oder Unverträglichkeit mit anderen Hunden abzugewöhnen. Auch für andere Bereiche hat es sich in seinem Einsatz bewährt. Es ist eine tierfreundliche und sanfte Weise, Hunde an ihre Umwelt anzupassen. Der Schreck, den der Hund durch das Auslösen bekommt, hält ihn davon ab, unerwünschtes Verhalten zu zeigen.« Ja, Ostern und Weihnachten finden jetzt an einem Tag statt. Die angeblichen Vorteile im Überblick: »Das Antibellhalsband wird geliefert mit geruchlosem Spray, passt sich dem Hundehals durch ergonomische Form einwandfrei an und ist so auch für kleine Hunde geeignet. Es hat eine Füllanzeige und die Sprühstärke kann individuell angepasst werden. Batterien sind im Lieferumfang enthalten. Die Sprühflüssigkeit ist harmlos und hypoallergen, so dass dem Hund kein Schaden zugefügt wird. Das Sprüh- oder Spray-Halsband als hundegerechter Helfer für alle unerwünschten Verhaltensweisen unseres Vierbeiners.« Antibellhalsband, übersetzen wir das mal realistisch: Gegen das Bellen … Aha, also ein Halsband, welches das Bellen verhindern soll. Eigentlich dachten wir, dass Hunde von Natur aus bellen. O.K, dann erziehen wir eben auf ganz sanfte und artgerechte Weise den Hund widernatürlich. Es soll also bei zu vielem Bellen helfen? Fragt sich nur, ab wann der Hund zu viel bellt, denn das liegt eindeutig im Sinne des Betrachters oder des Betroffenen, und bei Einsatz dieser netten Erziehungsunterstützung ist immer noch nicht geklärt, WARUM der Hund unseres Erachtens nach zu viel bellt, aber egal, Hauptsache, man hat es. Natürlich eine vorzügliche Idee, denn es ist leicht einzusetzen, man hat es immer parat und man muss sich selber nicht mehr wirklich anstrengen, um dem Hund etwas beizubringen. Ein Halsband braucht der Hund sowieso, also warum nicht gleich etwas Duft mit beifügen? Nun verspricht der Hersteller ja auch schnelle Erfolge, schon bei der ersten Anwendung. Der moderne Hundehalter von heute ist sich seiner Verantwortung ja bewusst und gibt gerne 120,– bis 190,– Euro aus. Damit gewährleistet er seine große Liebe zum Hund, indem er ganz ohne Gewalt und absolut eindeutig demonstriert, was der Hund nicht darf. Bei Bedarf einfach aufs Knöpfchen drücken und schon sieht man, wie der Hund verschreckt durch die Gegend läuft. Was für ein Spaß für Halter und Hund! Dabei hilft diese durchaus preisgünstige Erziehungshilfe in jeder Situation, verspricht der Hersteller! Egal, ob der Hund am Gartenzaun bellt, ob er aggressiv auf andere Hunde reagiert, ob er einer Katze oder einem Kaninchen hinterherhetzt etc. Es spielt keine Rolle, ob der Hund angeleint oder unangeleint ist, und der Hersteller liefert zusätzlich noch eine antiallergische Sprühflüssigkeit. Was will man mehr? Unser persönliches Fazit: Auch wenn Ihr Hund auf die Flüssigkeit nicht allergisch reagiert, eins ist gewiss: Er wird irgendwann allergisch reagieren, wenn er das Halsband nur sieht. Wenn man dies alles nun ohne den doch angebrachten Zynismus betrachtet, stellt man fest, dass diese Sprühhalsbänder mehr als überflüssig sind! Die verschiedenen Düfte, die es als zusätzliches Equipment zu erstehen gibt, wie z.B. Zitrone, Senf und andere Perversitäten, sind nicht nur für den Hund grässlich im Geruch, sondern schädigen nachweislich Augen und Schleimhäute, denn sie bestehen aus nichts anderem als aus Chemikalien und Konservierungsstoffen. Die Grundflüssigkeit mag hypoallergenen Kriterien noch nachkommen, aber spätestens der

Geruchszusatz, der den Hund so toll niesen lässt, ist wohl eher gesundheitsschädigend. Jetzt stellt sich aber zwangsläufig die Frage: Welche Alternative bietet sich einem Hundehalter? In erster Linie sollte man sich bei Anschaffung eines Hundes klar machen, dass dieser kein Stofftier ist. Er ist ein Lebewesen, was vor allem Erziehung braucht. Wenn wir in der Familienplanung stecken, ist doch jedem von uns bewusst, dass Kinder keine Puppen sind und auch Erziehung benötigen. Uns ist klar, dass mit einem Säugling schlaflose Nächte einhergehen, und man nimmt diese Strapazen mit Geschrei und vollen Windeln gerne auf sich, weil es eben so ist und der Säugling vieles erst lernen muss. Diejenigen, denen das zu viel Verantwortung ist, lehnen es für sich ab, Kinder in die Welt zu setzen. Jedem steht dieses Recht zu, aber warum machen wir Menschen Abstriche bei der Anschaffung eines anderen Lebewesens, wie z.B. dem Hund, der auf seine Art und Weise mindestens genauso viel Aufmerksamkeit und Zeit benötigt? Einen Welpen zu erziehen ist gleichzusetzen mit einem Fulltime-Job, genau wie das Aufziehen eines Säuglings auch! Auf der einen Seite maßen wir Menschen uns an, die intelligentesten Individuen auf Erden zu sein, weil wir als einzige Lebewesen befähigt sind, Sprache als Kommunikationsmittel zu nutzen, auf der anderen Seite sprechen wir dem Hund jedoch Kommunikation ab. Wenn es darum geht, dem Hund etwas beibringen zu müssen, gehen wir aus Bequemlichkeit davon aus, dass er das eigenständig im Zusammenleben mit dem Menschen begreifen muss. Tut er das nicht, passt er nicht in unser Schema, gilt als unerzogen und es werden solch unsinnige und absolut überflüssige Erziehungshilfen angeschafft, um ihm etwas abzugewöhnen, was man ihm von vornherein gar nicht hätte angewöhnen sollen. Im Klartext heißt das: Der Halter zieht sich aus der Verantwortung, erstens den Hund zu erziehen und ihm zu vermitteln, dass der Mensch alle Situationen im Griff hat und regelt. Zweitens zwingt er den Hund durch den Einsatz des Halsbandes in ein Meideverhalten. Das Tier hat nichts gelernt, vermeidet aber die Situationen, da er Angst vor dem Sprühstoß hat. Daraus resultiert, dass dem Hund später eine Attrappe umgelegt werden muss, damit er nicht wieder in altes Verhalten fällt. Wenn wir dem Hund nicht zeigen, welche Alternative er zum unerwünschten Verhalten hat, verweigert man dem Hund die Möglichkeit, wirklich etwas zu lernen. Wie das Wort Meideverhalten schon sagt, vermeidet er nur, durfte aber nicht lernen, wie er es besser machen kann, sonst müsste es ja Lernverhalten heißen. Drittens doktert man mit dem Einsatz des Sprühhalsbandes wieder nur am Symptom herum. Warum um alles in der Welt leinen Halter ihre Hunde noch ab, wenn sie diese noch nicht einmal an der Leine unter Kontrolle haben? Müssen wir unsere menschliche Intelligenz da nicht in Frage stellen, wenn wir unseren als Freund und Partner deklarierten Hund so behandeln? Wir Menschen haben durch unseren Verstand die Möglichkeit, »zu verstehen«, also auch unseren Hund. Warum handeln wir dann nicht sinnvoller? Fazit: Vorsorge statt Nachsorge muss die Devise lauten. Aktivität in der Erziehung statt passiver Erziehungshilfen, die alles nur noch schlimmer machen, muss unser Anspruch sein. Ein sinnvolles Miteinander schaffen, statt dem Hund Boshaftigkeit und Absicht zu unterstellen. Nur wenn der Hund gelernt hat, dass der Mensch Verantwortung übernimmt, kann er Situationen, die ihm Angst und Stress bereiten, meistern. Unter Menschen nennt man das: Führungsqualität. Nur so sind wir auf dem richtigen Weg.

Erfahrungsbericht über Sprühhalsbänder

Eine Halterin kaufte für ihren Hund ein Halsband, da er am Gartenzaun immer »hysterisch« reagierte, wenn andere Hunde am Grundstück vorbeiliefen. Sie legte ihm also dieses Sprühhalsband um. Ein fremder Hund kam und ihr Hund reagierte darauf wieder mit einem Höllenlärm, so als wolle er den anderen Hund zum Nachtisch verspeisen. Sie drückte auf den Auslöser, wie die Anleitung es vorgibt, und ihr Hund erschrak daraufhin sehr heftig. Pech nur, dass dies direkt neben ihren Mülltonnen passierte und ihr Hund diese von da an für seine Angst verantwortlich machte. Lange Zeit machte er einen riesigen Bogen um alle Mülltonnen, fremde Hunde bellte er dafür aber weiter an. Das Prinzip der passiven Bestrafung soll hier durch die »nur« indirekte Einwirkung des Menschen bei unerwünschtem Verhalten greifen. Durch das Auslösen und Aktivieren der Geräte per Knopfdruck soll der Hund zwar eine Bestrafung erfahren, diese aber nicht mit dem Menschen in Verbindung bringen. Nun alleine schon die Unsinnigkeit von »Bestrafen« haben wir ausreichend erörtert, ob die Tatsache des »Nichtverknüpfens von Strafe und Mensch« aber durch die Verwendung eines auf Distanz nutzbaren Hilfsmittels geheiligt wird, sehen wir definitiv nicht, denn Strafe und das Gegen-den-Hund-Arbeiten bleiben nach wie vor bestehen. Nichts stärkt die Abhängigkeit und das Miteinander zwischen Mensch und Hund mehr, als wenn selbiger direkt in positiver Art und Weise vom Menschen lernen darf. Und auch hier zu guter Letzt: Da der Hund keine Alternative erhält, kann er nichts lernen und ist gezwungen, immer wieder dieselben Fehler zu machen.

Kopfhalfter

Ein Kopfhalfter als Erziehungsmethode zu nutzen ist genauso unsinnig, wie einem Menschen eine Mathematikaufgabe mit dem Vorschlaghammer einzubläuen. Was soll dieser Zwang am Hund bewirken? Das Kopfhalfter stammt ja ursprünglich aus der Pferdehaltung.

Wie einfach und widersprüchlich zugleich, dieses für das Fluchttier Pferd erfundene Geschirr am Raubtier Hund anzuwenden! Um es ein wenig zu verdeutlichen, folgendes Beispiel: Stellen Sie sich vor, Sie gehen mit einem Bekannten an einer Straße entlang. Plötzlich erspäht der Bekannte hinter Ihnen ein Auto, welches auf Sie zurast. Ihr Bekannter hält Ihren Kopf fest, so dass Sie die Gefahr nicht sehen

können, und sagt Ihnen immer und immer wieder: »Da kommt ein Auto auf uns zu, es ist gleich da, es wird uns überfahren!« SIE können sich aber nicht vergewissern, ob es wirklich so ist oder wie hoch die Gefahr tatsächlich ist. Nun, wie geht es Ihnen dabei? Sie fürchten um Ihr Leben und wollen sich der Gefahr entziehen, werden aber gezwungen, in die andere Richtung zu schauen. Macht das die Situation für Sie irgendwie ungefährlicher oder erträglicher? Jetzt stellen Sie sich bitte einen Hund, geführt an solch einem Kopfhalfter, vor: Ein Artgleicher kommt, was Ihrem Hund ganz deutlich Gefahr signalisiert. Der Mensch verhindert, genau wie in dem Beispiel, den Blickkontakt zu der vermeintlichen Gefahr. Was glauben Sie, wie geht es dem Hund damit? Das Kopfhalfter sorgt also im besten Fall für eine situative Kontrolle des Hundes, es löst aber keine Verhaltensursache. Wir haben noch keinen Hund kennengelernt, der im Nachhinein ohne das Kopfhalfter »funktioniert« hat.

Das Longieren

(Raubpferd)

Der neue Freizeittrend: Longieren für den gelangweilten Hundehalter oder den passionierten Reiter. Das Kopfhalfter hat man ja bereits vom Fluchttier Pferd übernommen, also warum nicht auch Longieren mit dem Raubtier Hund? Der Wahnsinn nimmt kein Ende. Zur Begriffsdefinition: Als »Longieren« bezeichnet man das Laufenlassen eines Pferdes auf einer kreisförmigen Bahn, wobei es an einer Leine geführt wird. Der Longenführer steht beim Longieren in der Mitte des Longierzirkels und hält die Longe in der Hand, die in die Laufrichtung des Pferdes weist. Mit der anderen Hand wird eine Longierpeitsche geführt … Warum nicht einmal andersherum und ein Stachelhalsband für das Problempferd verwenden? Das wäre

zumindest ein Ausgleich für die seit Jahren traktierte Hundeseele. Was kommt als Nächstes? Hufeisen für den Hund? Nicht genug damit, dass viele Hunde ohnehin schon Fehl- und Problemverhalten zeigen, gerade weil keinerlei positive Abhängigkeit zum Hundehalter vorhanden ist, jetzt zwingt man das Rudeltier »Hund«, sich vom

Menschen bewusst zu distanzieren und im 20-Meter-Radius Kreise zu laufen?! Nicht nur, dass derartiges Training völlig kontraproduktiv ist, es macht traurig, mit ansehen zu müssen, dass viele Hunde gerne in der Nähe ihrer Menschen wären, aber sofort bestraft werden, wenn sie den Longierkreis verlassen. Wie weit weg vom Individuum Hund muss man gedanklich sein, dass einem Menschen derartiger Schwachsinn einfällt? Es gibt nicht einen einzigen sinnvollen Vorteil für solch ein Treiben am Hund oder würde es Ihnen gefallen, mit der Peitsche zur Arbeit getrieben zu werden? Zitate mit Schwachsinnsgarantie: »Das Longieren soll Menschen helfen, die Körpersprache des Hundes zu erlernen und besser zu verstehen.« Ja, man lernt wahnsinnig viel über den Hund, wenn der 20 Meter weit weg ist und stupide im Kreis laufen muss! »Longieren ist artgerecht, denn es kommt den natürlichen Bedürfnissen des Hundes entgegen.« Ja, wir haben kürzlich beobachtet, wie ein Wolf einen Hirsch erlegte, eine Sehne sauber heraustrennte und diese dann zum Longieren seiner Rudelmitglieder verwendete. Selbstverständlich entspricht es auch den natürlichen Bedürfnissen eines Hundes, Kreise zu laufen. Vielleicht haben wir nun endlich das Rätsel der Kornkreise gelöst? »Verschiedene Gangarten wie Schritt, Trab und Galopp (wie sie aus dem Pferdesport bekannt sind) gibt es auch beim Longieren für Hunde.« Wie naiv muss man eigentlich sein, um so etwas ernst zu nehmen? »Wenn der Hund unerlaubt über das Absperrband in das Kreisinnere (Tabuzone) springt, wird er durch bedrohliche Körperhaltung und Mimik (grimmiges Gesicht) sowie einen Zischlaut aus dem Zirkel geworfen.« Da fällt selbst uns bei Hundewelten nichts mehr ein ... Doch, eine einzige Frage: WARUM? Wir warten voller Vorfreude auf die Erziehungshilfe »Zaumzeug« für den Hund, sinnvoll wäre hier die Kettentrense, das entspricht nämlich den natürlichen Bedürfnissen eines Hundes! Und Leine heißt dann auch nicht mehr Leine, sondern Zügel. Warum müssen Hundehalter grundsätzlich jeden Trend unreflektiert mitmachen, ohne darüber nachzudenken, was dies an unseren Hunden tatsächlich bewirkt? Springen Sie ebenfalls vom Hochhaus, nur weil ein anderer vor Ihnen springt? Gibt es denn nicht schon genug Fehl- und Problemverhalten, ohne diese artfremden und völlig überflüssigen neuen Beschäftigungsmethoden? Warum lassen diese Leute den Hund nicht einfach Hund sein und bringen stattdessen ihrer Katze das Fliegen bei oder dem Wellensittich das Wiederkäuen?

Klicker

Dieser Knackfrosch mit dem dazugehörigen Equipment wird heute in allen möglichen Bereichen der Konditionierung des Hundes angewendet. Selbst Welpen bleiben vor diesem unsinnigen Zwischenimpuls nicht verschont. Baut man doch schon sehr früh hierüber einen Blickkontakt auf, um dem Hund zu signalisieren: Blickkontakt bedeutet »Klick«, »Klick« bedeutet Futter. Wo bitte liegt der Sinn, wenn es wesentlich schneller durch »Blickkontakt bedeutet Futter« gehen könnte? Argumentiert wird hier mit einer sprachfreien und emotionslosen Aktion des Menschen, welche den Hund eigenständig lernen lassen soll. Nun, woran macht der Hund wohl fest, dass ein Klick sein Verhalten bestätigt? Am Klick oder dem darauf folgenden Futter? Richtig! Am Futter, denn er muss ja erst lernen, dass »Klick« auch Futter bedeutet. Somit schafft man einen Zwischenimpuls, welcher vollkommen unsinnig ist. Selbst die Argumentation, den Hund so auf Entfernung bestätigen zu können, ist nicht wirklich haltbar, denn wo liegt der Unterschied zwischen »Klick« und irgendeinem anderen Signal? Ein Paradoxon schlechthin, wenn man sich nun überlegt, dem Hund erst den Blickkontakt beizubringen, um anschließend genau auf diesen zu verzichten. Der Hund wird durch »Klick« bestätigt, warum sollte er noch schauen? Geräusche nimmt er über das Gehör wahr und nicht über die Augen. Wo also bleiben der Kontakt und die Orientierung zum Menschen? Liegt es daran, dass der Mensch eher dazu neigt, zu einem Hilfsmittel zu greifen, damit er etwas »Handfestes« hat, anstatt artgerecht mit dem Hund zu kommunizieren? Der Klicker sollte daher bleiben, wo er herkommt: aus dem Delphintraining. Unter Wasser ergibt das Training durch ausschließliche akustische Reize absolut Sinn, am Hund leider nicht.

Spielzeuge

In den unendlichen Weiten der Zoogeschäftsregale stapeln sie sich: kleine, große, bunte, runde, befüllbare, quietschende oder schwimmfähige Hundespielzeuge aus Plüsch oder Plastik. Welches Hundehalterherz hat hier nicht schon einmal beim Einkaufen »ans

Hundi« gedacht und wie er sich über ein Mitbringsel freuen würde. Der Hund, als das betrachtet, was er ist: ein triebgesteuertes, Ressourcen kontrollierendes und egoistisches Raubtier, spielt aber leider nicht! Die Beschäftigung mit »Spielzeug« ist aus Hundesicht das Ausleben des Beutetriebes, also Kontrollieren, Besitzen, Verwalten, und Verteidigen! Bedenken Sie, dass für einen Hund die quietschenden Geräusche des Spielzeugs nichts anderes als Todesschreie der Beute bedeuten und ihn noch mehr animieren, diese tot zu schütteln bzw. dieser das Genick zu brechen! Welcher verantwortungsvolle Hundebesitzer möchte Hetz- und Jagdverhalten fördern? Der Hund macht keinen Unterschied zwischen dem Quieken des Gummihasen und dem des Zwergkaninchens Ihres Kindes! »Spielen«, so wie wir das Wort in seiner Bedeutung kennen, wäre aus Hundesicht absolute Energieverschwendung, es entspricht nicht der Natur eines Hundes. Würde ein Raubtier »nur« spielen, hätte es im Ernstfall keine nutzbare Energie mehr, um Territorium oder sich selbst zu verteidigen. Vermeintliches »Spielen« beim Hund hat also immer einen ernsten und wichtigen Hintergrund! Sie glauben uns nicht? Dann gehen Sie einmal zu einer Hundeauslauffläche und beobachten Sie, was dort passiert: Sie finden Beißereien um Ball und Stöckchen, es wird gehetzt, angeschlichen und verteidigt. Es werden Analkontrollen durchgeführt und Menschen abgeblockt, wenn die es wagen sollten, einen anderen Hund zu füttern oder zu streicheln. Finden Sie das wirklich lustig? Vielmehr sind rudelexterne bzw. fremde Artgleiche primär immer Fresskonkurrenten und damit Aggressoren! Auch hier stellt sich uns die weiterführende Frage: Warum möchte der Mensch seinen Hund über Spielzeug beschäftigen? Damit das Tier nicht nervt? Wozu hat man sich dann aber ein Rudeltier angeschafft? Er braucht Spielzeug, damit er »mal richtig tobt und danach ausgelastet ist!« Prima Idee, sich hierbei als Mensch elegant aus der Verantwortung zu ziehen und den Hund zum Ball-Junky mutieren zu lassen, damit er jeden Tag aufs Neue erfährt, dass wichtige Ressourcen frei verfügbar sind. Die Folgen sind fatal: Unabhängigkeit des Hundes, Verteidigung von Ressourcen unter Aggression, Hetzen von sich schnell bewegenden Objekten, Eigenleben und abnehmende Unterordnungsbereitschaft.

Ball, Futterball und befüllbare Vollgummi-Spielzeuge

So wird ein Futterball verwendet: Futter oder Snacks einfüllen, dem Hund zeigen, dass durch Herumrollen Futter herausfällt, und los geht es: »DER Spielspaß für den Hund. Durch die herausfallenden Futterstücke motiviert sich der Hund und wird stundenlang damit beschäftigt sein. Ideal, wenn Sie wenig Zeit für Ihr Haustier haben.« Stimmt! Es wird ihn fesseln, immerhin erarbeitet er sich sein Futter selbst und wird für das »Hetzen« des Balls (Beute) auch noch belohnt! Der Mensch wird mehr und mehr ausgeblendet und unwichtig für den Hund. Welchen Grund hat das Tier dann noch, sich am Menschen zu orientieren, wenn die erstrebenswerteste Ressource »Futter« auch selbst »erjagt« werden kann? Wie wichtig wird Ihr Arbeitgeber noch sein, wenn Sie in der Lotterie 3000,– Euro monatliche Sofortrente gewinnen? Beantworten Sie sich bitte ehrlich folgende Fragen: Kann ein Hund hieraus etwas Sinnvolles lernen, außer seinen genetisch vorhandenen Hetz- und Jagdtrieb auszuleben? Kann ein Hund zwischen Futterball und anderen sich schnell bewegenden Objekten wie Hase, Vogel, Radfahrer, Jogger und Auto unterscheiden? Warum kaufe ich meinem Hund gerade dieses »Spielzeug«, wenn meine eigentliche Erwartung an den Hund lautet: »Du sollst nicht hetzen, du sollst nicht jagen, du sollst dich an mir orientieren?« Sicherlich soll sich ein Hund motivieren, aber doch nicht in diese Richtung. Brauchen wir ein Rudeltier, wenn es sich selbst überlassen ist, wenn wir ihm erlauben, Ressourcen selbst zu verwalten (was in der Natur eigentlich nur dem Rudelführer obliegt)? Die gleichen Ergebnisse erzielen Sie auch mit einem befüllbaren Vollgummi-Spielzeug, welches zu allem Übel nach dem Wurf auch noch unkontrollierbar in alle möglichen Richtungen springt, ähnlich wie ein flüchtendes Beutetier. Warum schicken wir den Hund bewusst von uns weg, überlassen ihm Beute und wundern uns dann, wenn er draußen seiner eigenen Wege geht und sobald sich etwas bewegt, nicht mehr kontrolliert werden kann? Warum müssen wir ihn mit solchen Mitteln vom Alleinsein ablenken und glauben, er jault und winselt dann nicht mehr, zerstört keine Dinge mehr oder verunreinigt die Wohnung dann nicht mehr? Warum können wir uns als Hundehalter nicht gemeinsam mit ihm beschäftigen, ihm beibringen, dass es Beute nur in Verbindung mit uns als Rudelführer gibt? Bedenken Sie bitte: Beute baut Stress auf, der Beutetrieb ist genetisch verankert. Das kann im ungünstigsten Fall für Folgendes sorgen: Wenn der Hund mit seiner Beute sich selbst überlassen ist und diese auch eigenständig verwaltet, wird er sie früher oder später auch unter Aggression verteidigen müssen.

Training mit dem Futterbeutel und/oder der Schleppleine

Oftmals bekommen hilfesuchende Hundehalter den Tipp, mit einem sogenannten Futterbeutel oder Futterdummy zu trainieren, wenn der Hund mal wieder Probleme mit Artgleichen hat, wenn er hetzt, jagt oder nicht abrufbar ist. Zur Vorgehensweise: Ein Futterbeutel mit Reißverschluss (sieht aus wie ein Federmäppchen aus

Schulzeiten) wird mit Futter bzw. Leckerchen befüllt und der Hund darf zunächst daraus fressen. Dann wird die Beute bzw. der Futterbeutel geschlossen und weggeworfen. Ziel ist es, so die Aussagen der Tierpsychologen, dass der Hund diesen Beutel zurückbringt, dieser vom Hundehalter geöffnet wird und der Hund sich daraufhin daraus bestätigen darf. Es ist schon erstaunlich, für wie dumm man Hunde hält. Da man lediglich die letzte vom Hund gezeigte Aktion belohnt, nützt dieses Training herzlich wenig bei wirklichem Fehl- und Problemverhalten. Das hat nichts mit Verhaltensumlenkung zu tun, denn das bestehende Problem z.B. Artgleichenaggression, Hetzen oder sonstiges Verhalten wurde nie entkoppelt von auslösenden Reizen. Ein Hund kann nicht über mehrere Variable verknüpfen. Alleine die Vorstellung, dass man versucht, mit diesem Hilfsmittel Hunde vom Hetzen, Jagen, Stöbern etc. abzuhalten, ist mehr als abenteuerlich, denn gerade durch das Wegwerfen des Futterbeutels (aus Sicht des Hundes handelt es sich um Beute) hat das Tier nur gelernt: hetzen, Beute schlagen und dafür auch noch belohnt werden! Ungewollt fördert man also speziell den Hetz- und Beutetrieb des Hundes. Damit nicht genug: Der Hund bestätigt sich statt über den Menschen wieder einmal eigenständig. Genau diese Unabhängigkeit ist aber doch Teil der Ursache des Problems: »Der Hund entscheidet selbstständig und muss aus Fehlern lernen«. Weitere mögliche Probleme durch die Arbeit mit dem Futterbeutel: Was tun, wenn ein Hund beim Anblick eines Aggressors nicht an Futter interessiert ist? Was tun, wenn der Hund die erlegte Beute nicht abgeben will, sondern aggressiv verteidigt? Was tun, wenn der Beutel leer ist und mir weitere Artgleiche begegnen? Was tun, wenn durch das Werfen andere Artgleiche erst den Kampf um die Beute beginnen? Was tun, wenn der Hund nicht zwischen geworfenem Futterbeutel und Hase, Reh oder Vogel unterscheidet? Diese unsinnige Ablenkungsstrategie sorgt zumindest für Folgendes: Der Hund kann in diesen Situationen nicht lernen, Führung und

Kontrolle dem Menschen zu überlassen. Wieder einmal handelt es sich um reine Symptomarbeit! Doch die vermeintlichen Experten haben hier vorgesorgt und empfehlen gleichzeitig mit dem Einsatz des Futterbeutels eine sogenannte »Schleppleine« oder auch »lange Leine« zu verwenden. Man werfe also den Futterbeutel, lasse den Hund hinterherhetzen und nachdem er die Beute im Fang hat, ziehe man ihn mittels der Leine zu sich. Grandiose Idee: Wir lassen den Hund bewusst Fehler machen und korrigieren diese gleichzeitig wieder. Stellen Sie sich das bitte einmal aus Sicht des Menschen so vor: Ich werfe einen 500-Euro-Schein weg, Sie laufen hin und heben ihn auf, worauf ich Sie unter Zwang zu mir hole und mein Geld zurückhaben möchte. Würden Sie sich dabei nicht ganz schön verkohlt vorkommen und würden Sie dies ein zweites Mal wieder tun? Und was haben Sie daraus für die Zukunft gelernt?

Resümee: Stellen Sie sich einen weißen Gartenzaun vor. Jedes Mal wenn Sie den Hund für etwas bestrafen, schlagen Sie einen Nagel ein. Für jedes richtige und erwünschte Verhalten ziehen Sie einen Nagel wieder heraus. Wenn Sie sich den Zaun nach einer gewissen Zeit betrachten, werden Sie feststellen, dass Sie viele Löcher im Zaun hinterlassen haben! Der Zaun sieht nicht mehr aus wie vorher. Man könnte den Zaun nun streichen, die Löcher füllen und hätte einen optisch intakten weißen Zaun. Beantworten Sie sich bitte selbst die Frage, ob das beim Hund ebenso funktioniert, wenn man mit Hilfsmitteln arbeitet.

Jagdspiele

Jagen entstammt beim Hund dem Jagdtrieb, zunächst wird also ein Beutetier gehetzt (Hetztrieb) und gejagt (Jagdtrieb), danach zu Fall gebracht und getötet (Beutetrieb), anschließend wird es gefressen (Futtertrieb). Deklariert man nun diese Abfolge von Trieben als Spiel, muss wirklich an der Intelligenz des Urhebers gezweifelt werden. Nicht genug damit, dass Raubtierverhalten verharmlost wird, suggeriert man ahnungslosen Hundehaltern, dass Jagen, Hetzen und Beutemachen bei Hunden in unserer Gesellschaft ein akzeptables und tolerierbares Verhalten ist. Schade nur, dass Hunde keinen Unterschied zwischen dem Wildkaninchen oder der Feldmaus und dem Käfighasen oder dem Meerschweinchen unserer Kinder machen. Aber natürlich will der Hund mit dem Hamster im Kinderzimmer nur spielen. Zu dumm, dass der Hund nicht weiß, dass man mit Essen nicht spielt.

Beutefangverhalten

Wieder einmal möchte uns die canidale Expertenrunde belehren und wirft einen angeblich wissenschaftlichen Begriff in die Hundewelt. Nachweisbar ist sicherlich der Beutetrieb, aber was bitte ist das »Beutefangverhalten«, welchen Nutzen hätte es und warum kennt man es beim Hund gar nicht? Wenn es so etwas wie Jagdspiele gibt, warum spielt der Jäger dann nicht mit dem Hasen, sondern erschießt ihn? Wir wissen, dass jegliches Verhalten bei Raubtieren eine Triebgrundlage hat, in unserem Fall betrifft es den Beutetrieb. Ein einmal aktivierter Beutetrieb lässt sich nicht einfach abschalten, er benötigt eine Endhandlung bzw. ein Ventil für die sich aufgebaute Triebenergie. Der Begriff »Verhalten« definiert eine Wahlmöglichkeit, also z.B. Kampf- oder Fluchtverhalten. Bei einem aktivierten Trieb gibt es diese Wahlmöglichkeit jedoch nicht. Wir halten also fest: Es gibt einen Beutetrieb, aber kein Beutefangverhalten.

Unsinn Schutztrieb

Auch hier unterliegen viele Hundehalter und noch mehr Experten dem Trugschluss, dass der Hund tatsächlich so etwas wie einen Schutztrieb gegenüber dem Hundehalter bzw. dem Menschen entwickeln kann. Wäre es tatsächlich so, dass der Hund den Menschen um seiner selbst willen beschützt, widerspräche dies jeglichen Naturgesetzen, insbesondere denen der hundeartigen Raubtiere, die

in der Grundtendenz rein egoistisch angepasst handeln müssen, um das eigene Überleben zu sichern. Nicht umsonst hat der Hund Jahrtausende der Domestikation hinter sich gebracht, ohne ausgerottet zu werden. Was der Hund also wirklich beschützt, sind die Ressourcen, die der Mensch ihm überlassen hat. Ressourcen sind für den Hund alle Dinge, die sein Überleben auf Triebbasis garantieren wie beispielsweise Futter, Selbsterhaltung, Territorium etc. Der Hund, der den Menschen vermeintlich verteidigt, verteidigt im Grunde seine Ressourcen, wozu manchmal auch der Mensch selbst gehört. Warum sollte ein Raubtier auch einen Menschen beschützen wollen, wenn nicht einzig zum Selbstzweck? Dies bestätigt sich unter anderem darin, dass Hunde jeden Angreifer abwehren, welcher der Ressource oder dem Ressourcengeber zu nah kommt. Seltsamerweise verteidigt, verbellt oder verbeißt der Hund notfalls auch den eigenen Hundeführer, sobald dieser dem Hund Ressourcen streitig macht.

Mehrhundehaltung

Die Mehrhundehaltung war noch nie so aktuell wie zur heutigen Zeit. Wir möchten erst einmal hinterfragen: Wie kommt es, dass es immer häufiger zu Konflikten und Beißereien innerhalb des eigenen Rudels kommt? Was passiert mit rudelfremden Tieren, welche in der freien Natur auf ein intaktes Rudel treffen? Mit wem lebt der Hund in erster Linie zusammen und welche Erwartungen hat der Mensch an den Hund? Haben Sie wirklich so viel Zeit, jedem Hund gerecht zu werden? Dies sind lediglich vier von unzähligen Fragen, die man sich stellen sollte, bevor man sich ein zweites Tier nach Hause holt. Der Mensch ist der Auslöser von Problemverhalten des Hundes. Hierzu muss man wissen, dass es immer zwei Strukturen gibt: Mensch/Hund und Hund/Hund. Unbewusst forcieren wir diese Konflikte durch den täglichen, niemals gleichbleibenden Umgang mit den Tieren. Unbeabsichtigt bevorzugen wir schon mal einen Hund, dem es (innerartlich) nicht zusteht, bevorzugt zu werden. Wir überlassen Ressourcen zur freien Verfügung, die für den einzelnen Hund mehr und mehr an Bedeutung gewinnen. Früher

oder später wird auch der Mensch selbst zu einer sehr wichtigen Ressource, die es unter Umständen zu verteidigen gilt. Letztlich ist es immer der Mensch, der das innerartliche Gefüge ins Wanken bringt und somit Konflikte und Stress unbewusst fördert. Schauen wir einmal in die Natur und auf eine Begegnung mit rudelfremden Tieren. Hierbei spielt es keine Rolle, ob wir nun Wölfe, Schakale, Löwen etc. betrachten. Es geht primär um natürliches Verhalten von Raubtieren: Begegnet ein einzelnes Tier einem fremden Rudel, gibt es lediglich zwei Möglichkeiten: Der Eindringling wird getötet, weil er unter Umständen eine Bedrohung für das bestehende Rudel darstellt, oder aber er kann flüchten und bleibt somit verschont. Wenn wir uns dies vor Augen führen und nun überlegen, was wir von unseren Hunden verlangen, dürfte schnell klar werden, was wir den Tieren zumuten, denn eine Fluchtmöglichkeit gibt es für den Zweithund nicht. Wenn wir uns nun vorstellen, wie viel Zeit die Erziehung eines Hundes täglich in Anspruch nimmt, nehmen Sie dies bei zwei Hunden mal drei, denn mit jedem Hund muss einzeln gearbeitet werden und zu guter Letzt mit beiden gemeinsam. Weiter muss man sich darüber im Klaren sein, dass entgegen der landläufigen Meinung, der Hund könne vom Artgleichen viel lernen, es in erster Linie die (für den Menschen) unangenehmen Verhaltensweisen sind, welche die Hunde voneinander lernen. Es ist ein weit gefehlter Glaube, dass ein Hund von einem anderen Hund nach menschlichem Gutdünken erzogen werden kann. Genau das Gegenteil trifft zu und somit steht man den Problemen dann häufig im Doppelpack gegenüber. Sicher gibt es Konstellationen, in denen es mit zwei oder mehr Hunden vermeintlich funktioniert. Die Frage ist aber: »Wer kontrolliert hier wen?« Insbesondere dann, wenn das Rudel in der Überzahl ist, der Mensch also in der Minderheit ist, wird auch immer innerartlich, also hündisch entschieden und geregelt. Aus menschlicher Sicht betrachtet, ist Mehrhundehaltung vergleichbar mit folgender Situation: Ihr Partner taucht eines Tages mit einer neuen Lebensgefährtin auf. Diese neue Lebensgefährtin zieht selbstverständlich mit all den Rechten, die Sie auch haben, mit in Ihr Haus ein. Da Sie von Ihrem Partner abhängig sind, müssen Sie unverzüglich sämtliche Ressourcen wie z.B. Bargeld, Schmuck, Kleider etc. sichern und gegebenenfalls der Konkurrenz gegenüber verteidigen. Sicher keine angenehme Vorstellung dann auch noch den Partner teilen zu müssen. Die Folge einer solchen Zwangsgemeinschaft ist für alle Beteiligten in jedem Fall: Konflikt, Stress, Eifersucht, Wut und irgendwann auch der Kampf um überlebenswichtige Dinge. Also fragen Sie sich bitte: Wie »gern« haben Sie die Konkurrenz? *(Wenn Sie dieses Beispiel aus einer Bühnenshow kennen, ist dies kein Zufall, sondern wieder mal von uns kopiert worden!)* Nun könnte man argumentieren, dass Wölfe ebenfalls in einem Verband leben und es dort keine Probleme im Zusammenleben mit mehreren Tieren gibt. Zum einen ist das so nicht richtig, denn gerade dort, wo es um Nahrung geht, sind aggressive Auseinandersetzungen an der Tagesordnung, und zum anderen sind Wölfe nicht voneinander abhängig. Der Leitwolf hat keine Ambitionen, sein Rudel mit genügend Futter zu versorgen, damit dies ihm weiter folgt. Wir Menschen allerdings haben hohe Ansprüche an unsere Hunde, und der einzige Grund, warum der Hund bei uns bleibt, ist, weil wir ihn füttern und er hoffentlich nie gelernt hat, dass er sich sein Futter auch selbst erjagen könnte, denn dann wären wir für ihn unwichtig geworden. Sicherlich verstehen Sie jetzt, warum es bedenklich ist, als Mensch mit seinem Hund Hetz- und Jagdspiele bzw. Futtersuchspiele zu betreiben.

Der (Problem-)Hund aus dem Tierheim

Menschen neigen zum Helfersyndrom. Bei der Frage einer Neuanschaffung möchte man dem Hund aus dem Tierheim ein neues Zuhause geben. Der Gedanke ist lobenswert, die praktische Umsetzung leider mehr als schwierig. Wer über keinen »großen Garten« verfügt, kann sich den Traum vom Partner Hund meist gleich abschminken. Es stellt sich die Frage, welchen Sinn diese Vermittlungsvoraussetzung durch viele Tierheime haben soll? Möchte man hier den täglichen Freilauf für den Hund bzw. eine akzeptable Alternative garantieren, falls sich der künftige Halter als »lauffaul« herausstellen sollte? Was aber, wenn der künftige Hundehalter zwar einen Garten besitzt, dieser aber nicht für den Hund gedacht ist? Auch das gibt es und das ist in Ordnung, denn nicht jeder liebt Urinflecken auf dem Rasen oder freut sich über das Ausbuddeln von Ziersträuchern. Für uns stellt sich generell die Frage, was der Hund überhaupt im Garten soll? Oft lebt der Hund vorhandenes Kontrollverhalten aus oder die bereits etablierte Unsicherheit verstärkt sich, weil ihn der Überfluss an Territorium ohnehin überfordert. Die meisten Hunde, die eigenständig Zugang zum Garten ihres

Besitzers haben, nutzen diesen eher selten angesichts der Tatsache, dass sich das menschliche Rudel woanders aufhält. Fühlt sich ein Hund tatsächlich nur wohl, wenn sein zukünftiger Besitzer einen Garten besitzt bzw. über eine große Wohnung verfügt? Sicherlich nicht. Hunde, die in großen Wohnungen oder Häusern leben, sind weder »privilegierter« noch »glücklicher« als andere Hunde. Im Gegenteil! Hunde, die ein großes Territorium zu beaufsichtigen haben, sind unruhiger und auch sehr schnell überfordert. Sollten Sie also »nur« eine kleine Wohnung besitzen und einen Schäferhund adoptieren wollen, gibt es keinen triftigen Grund, dies nicht zu tun. Je weniger Raum ein Hund zu überwachen und zu kontrollieren hat, desto wohler fühlt er sich. Leider hat sich dies noch nicht in allen Tierheimen herumgesprochen. Haben Sie sich einmal gefragt, warum der Hund zwar ruhig im Auto bleibt und auf die Rückkehr des Menschen wartet, es aber zu Hause unmöglich ist, ihn alleine zu lassen? Einen Garten zu besitzen, in dem der Hund frei herumlaufen kann, entbindet nicht von der täglichen Beschäftigung mit dem Hund durch den Menschen und ist niemals Ersatz für die geistige Auslastung eines Hundes. Wir haben herausgefunden, dass sogenannte »Gartenhunde« isolierter leben als andere und sich auch im wahrsten Sinne des Wortes sehr schnell verselbstständigen. Warum neigen Hunde, »die vermeintlich alles haben«, dazu, Wohnraum, Territorium und Revier aggressiv zu verteidigen? Weil man ihnen von Anfang an die Kontrolle so überlassen hat. Wenn der Hund nun aufgrund der schnellen Negativentwicklung zurück ins Tierheim muss, weil der Hundehalter mit Aggression, Angst und anderem Problemverhalten überfordert ist, erhält er vom vermittelnden Tierheim aber keine Unterstützung, sondern erntet eher Vorwürfe. Unsinnige Thesen zu Tierheimen: Tierheimhunde und Hunde aus dem Ausland sind »nur lieb«, sehr »dankbar« und »leiden« im Tierheim! Tatsache ist: Wer über die lebenswichtigen Ressourcen verfügt, dem folgt der Hund. Der Hund leidet im Tierheim! Tatsache ist: Im Tierheim bekommt der Hund täglich Futter, Aufmerksamkeit und einen Schlafplatz, die Grundbedürfnisse sind befriedigt! Wenn vermittelte Hunde tatsächlich »dankbar« wären, warum zeigen sie sich dann sehr kurz nach dem Einzug ins neue Zuhause von einer ganz anderen Seite und neigen zum Leineziehen, zu Artgleichenaggression, zu Futterverteidigung, zu Hetzen, Jagen oder Dauerbellen? Wir kennen bisher kein Tierheim, das ehrlich über bestehendes Fehl- oder Problemverhalten aufklärt bzw. schon vor der Vermittlung fachkundig daran arbeiten würde. »Fachkundig« bedeutet in unseren Augen nicht, dem Hund »Sitz« und »Platz« beizubringen, sondern über systematische Problemtherapie die Vermittlungschancen zu steigern. Nur allzu oft hat Hundewelten deutschen Tierheimen und deutschen Tierschutzorganisationen Hilfe bzw. die Betreuung zukünftiger Hundehalter angeboten. Dies wurde immer wieder ohne ersichtliche Gründe abgelehnt. Man bleibt eben gerne unter sich und lässt sich ungern über die Schulter schauen, noch weniger kritisieren. Erstaunlicherweise haben Tierheime in Österreich und der Schweiz, in denen wir Tierpfleger, Trainer und Tierheimleitung geschult haben, nunmehr eine höhere Vermittlungsquote sowie eine wesentlich geringere Rückläuferquote. Welcher Hundehalter möchte nicht ehrlich wissen, wie es um seinen Pflegling steht, und fachkundig darüber aufgeklärt werden, wie bestehendes Problemverhalten in den Griff zu bekommen ist? Leider sind deutsche Tierheime und Organisationen hierzu noch nicht bereit. Stattdessen bekommen Hundehalter den lapidaren Tipp, einen »Hundetrainer« zu kontaktieren oder einen Erziehungskurs in einer »Hundeschule« zu absolvieren. Leider aber wird genau dort mit Hilfsmitteln gearbeitet und Ursachen werden eher selten hundgerecht behoben. Warum muss es erst so weit kommen? Tierheime verfügen über Management und Organisation. Warum beschränkt sich heutige Tiervermittlung auf »Tier aufnehmen, katalogisieren, vermitteln und wiederaufnehmen?« – »Zu wenig Zeit« heißt die Ausrede Nr. 1.

auf unsere Nachfragen hin, warum im Tierheim nicht aktiv mit Hunden an sichtbaren Verhaltensauffälligkeiten gearbeitet wird bzw. warum nicht präventiv dafür gesorgt wird, dass Verhaltensauffälligkeiten wie Zwingerkoller oder andere Zwangshandlungen gar nicht erst entstehen. Unsere Fachseminare haben gezeigt, dass pro Tag und Hund schon 10 Minuten ausreichen, um ihn geistig auszulasten. Man möchte unterstellen, dass viele Tierheime mehr an einem schnellen Durchlauf, als an sinnvoller Vermittlung interessiert sind, denn verdient wird an den Gebühren durch Abgabe und Neuvermittlung. Holen Sie sich bei dem »Projekt Tierheimhund« unbedingt kompetente Hilfe. Unsere Therapeuten bei Hundewelten begutachten den von Ihnen ausgewählten Hund und sagen Ihnen, was »wirklich drinsteckt«. Wir unterstützen Sie in den ersten Stunden, direkt ab Tierheim bis zum Einzug des Hundes ins neue Zuhause und bewahren Sie somit vor fahrlässigen Tipps und Empfehlungen vieler Tierheime und Tierschutzorganisationen.

Tierschutzgedanke oder gedankenloser Tierschutz?

Wer sind die Bösen und wer die Guten im internationalen Handel mit Auslandshunden? Dort, wo es etwas zu verdienen gibt, sind die nicht weit, die sich auf Kosten anderer bereichern. Es geht um unseriöse Praktiken von Tierschutzorganisationen, die sich der »Rettung« von Hunden aus ausländischen Tötungsstationen verschrieben haben. Es ist wichtig, über verschiedene Geschäftspraktiken informiert zu werden, da wir gerade im Tierschutz leider keine wirkliche Transparenz finden werden. Doch wo fängt das Geschäft mit Hunden aus Tötungsstationen und Auffangstationen in

Spanien, Italien und Griechenland an? Der junge Straßenhund aus Spanien wurde vom ansässigen Tierheim an eine deutsche Familie vermittelt. Alter, Prägung und Lernerfahrung sind unbekannt. Zu dem, was jetzt in Deutschland an Verhalten von ihm erwartet wird, ist der junge Hund einfach nicht in der Lage und wird es auch nie sein. Aus dem Ausland importierte Hunde von der Straße haben meist gelernt, sich selbst zu versorgen, die Unabhängigkeit zum Menschen ist bereits geprägt, sehr oft haben sie Negatives in Bezug auf Menschen erfahren und wurden durch Tritte oder Schläge misshandelt, wenn sie Mülltonnen plünderten. Diese Hunde zeigen einen ausgeprägten Hetz- und Jagdtrieb durch die notwendige Selbstversorgung. Hatte ein Hund in seinem Leben bereits Jagderfolg, so ist die Gefahr sehr groß, dass er dieses Verhalten bei entsprechenden auslösenden Reizen, also bei sich bewegenden

Objekten, wieder zeigt. Auch die oft reizarme Haltung in überfüllten ausländischen Tierheimen wird Ihr Leben mit diesem Hund zwangsläufig auf eine harte Probe stellen. Ganz klar, man könnte von einem Einzelfall sprechen, der den eigentlichen Gedanken, der hinter den Importen von Hunden aus Südeuropa steckt, nicht in Frage stellt. Und doch tun wir es. Weil es keine Einzelfälle sind, weil wir in unserer täglichen Arbeit mit Hunden und ihren Haltern immer häufiger mit Problemen dieser Art konfrontiert werden und nicht selten zu hören bekommen: »Warum hat uns im Tierheim niemand über die Probleme informiert, die ein Hund aus dem Ausland unweigerlich mitbringt?« Ja, warum wohl? Weil das Personal im Tierheim selbst überfordert ist mit der Einschätzung des Verhaltens eines traumatisierten Welpen. Weil immer noch die Meinung vorherrscht, ein Hund aus dem Tierheim müsse sich erst mal eingewöhnen, bevor man als neuer Halter anfängt, mit ihm zu trainieren. Weil es ja ganz besonders dem Tierschutzgedanken entspricht, wenn man nicht nur die deutschen Hunde rettet, sondern auch noch Tierheime und Auffangstationen im Ausland unterstützt und sich damit rühmt, einem Hund ein besseres Leben in Deutschland ermöglicht zu haben. Und wer unterstützt den neuen Halter, wer hilft dem Hund kompetent aus dem Problemverhalten? NIEMAND tut das! Was hat das mit Tierschutz zu tun? Gedankenlos, egoistisch und naiv ist dieser Ansatz. Wenn wir also die verurteilen, die aus diesem Geschäft den größtmöglichen Profit schlagen, indem sie lediglich die Nachfrage bedienen, was ist mit der Verantwortung der Menschen, die nach solchen Tieren fragen? Unsere Kritik gilt nicht den Menschen, die sich vor Ort in den entsprechenden Ländern für den Tierschutz engagieren, Tierheime betreiben und sich gegen die ortsüblichen Praktiken im Umgang mit Hunden wehren und aufklären. Der Import von Hunden nach Deutschland hilft jedoch weder dem einzelnen Tier noch den Tausenden von Hunden, die auch künftig dort geboren, misshandelt, gequält und getötet werden.

Man muss die Vorgeschichte des Hundes kennen

Ja, das Wissen über die Vergangenheit ist wichtig. Wir können dadurch ungeschehen machen, was passiert ist, und da wir immer für alles und jeden eine gedankliche Schublade frei haben, müssen wir uns nicht über Leerstand beklagen. Die Vorgeschichte ändert NICHTS am bestehenden Problem, sorgt bestenfalls für subjektive und emotionale Befangenheit und lässt jeden Therapieversuch scheitern. Verschwenden Sie keine Energie für Vergangenheitsanalysen. Verschwenden Sie kein Geld für Zukunftsblicke. Setzen Sie sich im Hier und Jetzt mit dem aktuellen Verhalten des Hundes auseinander, denn ER hat viel mitzuteilen, und zwar kostenlos.

Die geheimen Triebe

»Wieso geheim?«, denken Sie als Leser jetzt sicherlich. »Triebe kennt man: Wehrtrieb, Spieltrieb, Begleittrieb, Fluchttrieb, Aggressionstrieb, Hütetrieb, Apportiertrieb, Wachtrieb etc.« Bitte halten Sie einen Moment inne: »Trieb« beschreibt Instinkthandlungen ohne reflektierende Kontrolle. Diese Handlungen werden durch Schlüsselreize ausgelöst. Der Hetztrieb benötigt zur Aktivierung der aktionsspezifischen Triebenergie bewegliche Objekte oder Subjekte. Triebverhalten kann also unter der Nutzung von Schlüsselreizen bestimmte Verhaltensweisen aktivieren, und dies bei jedem Hund! Wir haben uns die Mühe gemacht, alle angeblich existierenden Triebe (40) an Hunden zu untersuchen, mit dem Ergebnis, das lediglich 10 Triebe nachweisbar sind. Diese Triebe lösen bei allen Hunden die gleichen Verhaltensweisen aus und bedingen einen Schlüsselreiz.

Wenn zum Beispiel Aggression oder Flucht ein Triebverhalten wäre, muss Flucht und Aggression bei jedem Hund nachweisbar und auslösbares Verhalten sein. Am Beispiel »Hütetrieb« soll sich also ein ressourcenorientiertes Raubtier eine Herde Schafe halten und auf diese aufpassen, um Futter für schlechte Zeiten zu haben? Zum »Apportiertrieb« halten wir fest: Kann nicht jeder Hund etwas aufnehmen, mitnehmen, abgeben oder wegbringen? Fazit: Viele der vermeintlichen Triebe kann es bei einem Hund nicht geben, dazu gehören u.a. Spieltrieb, Kampftrieb, Wehrtrieb, Wachtrieb, Zugtrieb, Kinderliebtrieb, Familientrieb, Apportiertrieb, Arbeitstrieb, Lauftrieb, Körperausscheidungstrieb, Muttertrieb, Neugierdetrieb, Sexualtrieb, Unterordnungstrieb, Ruhetrieb und Stöbertrieb. Falls Sie überlegen, sich einen Hund anzuschaffen, beachten Sie: Jagdtrieb besitzt jeder Hund, auch wenn es Züchter geben soll, die Hunde schon »ohne Jagdtrieb« züchten und verkaufen wollen. Was machen wir jetzt mit einem Schäferhund, dem man auch nach fiesester Traktion keine Aggression für das Schutzdiensttraining entlocken kann? Umtauschen, weil einer seiner »Triebe« fehlt?

Mythos Geruchssinn

Bevor wir näher auf die Sinnesleistung von Hunden eingehen, lassen Sie uns kurz aufzählen, welche Sinne Hunde besitzen: Hörsinn, Sehsinn, Geruchssinn, Tastsinn, Geschmackssinn und Gleichgewichtssinn.

NICHT vorhanden ist der Gerechtigkeitssinn. Wenn wir über Distanzen sprechen, halten wir fest: Ein Hund hört weiter, als er sehen kann. Ein Hund sieht weiter, als er riechen kann. Ein Hund riecht weiter, als er tasten kann. Ein Hund tastet weiter, als er schmecken kann. Unbestritten ist, dass Hunde besser hören und riechen als der Mensch, dafür aber schlechter schmecken. Wir besitzen weniger Riechzellen, haben aber mehr Geschmacksknospen auf der Zunge. Dies erklärt, warum Hunde selbst Dinge fressen, die uns nicht schmecken, und selbst winzigste Geruchspartikel noch wahrnehmen können. Diese Geruchspartikel können jedoch nur aus unmittelbarer Nähe eindeutig erschnüffelt werden. Hunde überlaufen im Gras liegende Rehe oder Hasen, weil der hierarchische Einsatz der Sinne es nicht zulässt, dass sie Gerüche parallel wahrnehmen und verarbeiten können.

Emotionen beim Hund – Wunschdenken des Menschen?

Bienchen und Blümchen, blauer Himmel und Sonnenschein, die Luft riecht nach Honig, ein Fluss plätschert, der Tag ist toll, denn Hunde sind einfach die besseren Menschen! Menschen sind in der Lage, bewertende Emotionen zu empfinden, Hunde jedoch nicht!
Definition: Emotion bedeutet Trauer, Wut, Mitleid, Ärger, Liebe, Ehre, Treue, Selbstmitleid, Loyalität, psychische Erregungen, die subjektiv wahrgenommen werden, also auch: Freude, Kummer, Zorn, Ehre, Geringschätzung, Furcht, Scham und Schuldgefühl. (Wührer 2006)
Uns stellen sich folgende Fragen dazu: Würde ein Hund weinen, wenn er ein Rudelmitglied verliert? Würde ein Hund seinen Menschen bestrafen wollen? Würde ein Hund »sauer« sein, wenn er nur ein Spielzeug hat? Würde ein Hund partnerschaftlich treu sein können? Würde man einen Hund beleidigen können? Würde der Hund beim Menschen bleiben, wenn der ihn nicht mehr füttert? Würde ein Hund Selbstmord begehen können? Die Antwort lautet jedes Mal »Nein«. Hunde fressen Rudelmitglieder auf, werten nicht und verurteilen niemanden, Hunde wedeln, wenn man sie »Idiot« nennt, und sie blühen auf, wenn der Zweithund nicht zu Hause ist. Wie viele

Beispiele Sie auch brauchen, um zu akzeptieren, dass Hunde keine bewertenden Emotionen empfinden können, irgendwann werden Sie feststellen, dass Emotion beim Hund reines Wunschdenken des Menschen ist. Vielleicht ist Ihnen in diesem Buch aufgefallen, dass wir bewusst folgende Begriffe in Bezug auf den Hund weggelassen haben: Bindung, sozial, Sozialgemeinschaft, Artgenosse, Freund, Respekt, Vertrauen, und Gemeinschaft, einfach deshalb, weil der Hund diese rein menschlich interpretierten Begriffe nicht kennt und sich dementsprechend auch nicht danach verhalten kann.

Bindung beschreibt ein emotionales Band zwischen zwei Individuen. Sicher möglich von Seiten des Menschen, wenn er seinen Hund betrachtet, jedoch völlig fehl am Platz aus Sicht des Hundes. Emotionen können dem Raubtier Hund nicht zugesprochen werden, daher kann es keine Bindung geben, die ein Hund aufbauen könnte. Alternativ dazu verwenden wir den passenden Begriff »Abhängigkeit«. Abhängigkeit beschreibt die Situation besser, denn der Hund ist im Hinblick auf Ressourcen abhängig vom Menschen (deswegen haben sich Wölfe unseren Vorfahren angeschlossen, sie waren die effizienteren Jäger).

Die **Sozialgemeinschaft** zwischen Mensch und Hund muss hinterfragt werden: »Sozial« bedeutet, dass ein Individuum Interesse an einer Person zeigt, sich einfühlen kann, das Wohl des Gegenübers wichtig ist und Fürsorge eine Rolle spielt. All diese Attribute sind am Raubtier Hund leider nicht zu finden! Alternativ sollte man die Situation zwischen Mensch und Hund als Zweckverbund bezeichnen: ein Zusammenschluss zur gemeinsamen Erfüllung bestimmter Aufgaben.

(Art-)Genosse als Synonym für »Kumpel«, »Freund« oder »Kumpan« und damit bestehende Verbundenheit stellen wir als Begrifflichkeit ebenfalls in Frage. Da Hunde immer um die gleichen Ressourcen kämpfen, sind sie Konkurrenten. Konkurrenten können jedoch weder Genossen noch Freunde oder Kumpane sein. Alternativ benutzen wir daher den Begriff »Artgleiche«.

Freund/Partner/Freundschaft bezeichnet eine Situation zwischen Individuen, die auf Sympathie und Vertrauen basiert. Durch Freundschaft schätzt und mag man einander. Wertschätzung, Vertrauen und Zuneigung dem Freund und Partner gegenüber sind möglich. Wie bereits erwähnt ist ein Hund nicht in der Lage, Sympathie und Vertrauen sowie Wertschätzung zu empfinden, er kann also kein »Freund« sein.
Wir stellen klar: Der »beste Freund des Menschen« kann kein Hund sein.

Respekt beschreibt die Wertschätzung, Aufmerksamkeit und Ehrerbietung gegenüber einem anderen Lebewesen. Zudem schließen respektvolle Handlungen bedenkenloses egoistisches Verhalten aus. Ein Hund kann als egoistisches Raubtier keinen Respekt empfinden. Der »Respekt« des Hundes vor seinem Hundehalter (erzwungen z.B. durch Autorität und autoritärem Umgang) ist damit auch hinfällig!

Vertrauen beschreibt subjektive Überzeugungen (auch Glaube) an die Richtigkeit, Wahrheit und Redlichkeit von Handlungen, Einsichten und Aussagen eines Gegenübers oder sich selbst (Selbstvertrauen). Hier werden ziemlich hohe Erwartungen an ein Lebewesen gestellt, das sich weder selbst im Spiegel erkennen kann noch ein Verständnis von Richtig und Falsch aus unserer Sicht besitzt.

Gemeinschaft beschreibt zusammengefasste Individuen, die in der Gruppe emotionale Bindekräfte aufweisen, es besteht zusätzlich ein Zusammengehörigkeitsgefühl. Emotionale Bindekräfte können wir beim Hund nicht finden, somit ist der Begriff nicht passend, um die Mensch-Hund-Situation zu beschreiben. Menschen können im Übrigen nur begrenzt Gemeinschaften bilden. Ein Individuum kann, ähnlich wie bei Dominanz, nicht zu jedem Zeitpunkt gemeinsame Ziele mit anderen verfolgen. Gemeinschaften sind somit zeit-, beziehungs- und situationsabhängig.

Eingeklemmte Rute bedeutet Angst

Diese Aussage hält sich hartnäckig in den Köpfen vieler Hundebesitzer und auch unserer Mitbewerber. Eine eingeklemmte Rute löst beim Menschen sofort Mitleid und Bedauern aus. Hunde klemmen ihre Rute situativ ein, wenn dies sinnvoll erscheint. Durch das Einklemmen der Rute verdeckt der Hund seine Analdrüsen und stellt so für Artgleiche weniger Provokation dar. Er signalisiert defensives Verhalten und gibt gleichzeitig keine Informationen über sich weiter. Ressourcenkontrollierende Hunde zeigen dieses Verhalten sehr häufig, gestehen sich aber das Recht auf Analkontrolle bei anderen Artgleichen durch Schnüffeln an der Afterregion zu. Omegatiere in gewachsenen Rudeln haben den untersten Rang inne und verdecken ständig ihre Analdrüsen, um ranghöher gestellte Individuen nicht zu provozieren. Um einen Hund wirklich als »ängstlich« bezeichnen zu können, muss man weitere Verhaltensweisen und die Körperhaltungen im Kontext zur Situation sehen. Beobachten Sie beispielsweise sehr offensive Hunde und deren Rutenhaltung werden Sie eine hoch getragene Rute sehen, also völlige Präsenz und Aufmerksamkeit der Umwelt gegenüber. Das Aussenden von Duftsignalen ist möglich und gewollt. Es sei an dieser Stelle versichert, auch sogenannte »Ringelrutenträger« wie z.B. Spitz, Mops, Eurasier oder Akita-Inu können ihre Rute normal herunterhängend tragen.

Wälzen bedeutet Wohlfühlen

Ja, nur allzu gern wünscht man sich als Hundehalter, dass diese Annahme stimmen würde. Gerade im heimischen Garten oder auf Spaziergängen wird unser Herz mehr als warm, wenn der Hund sich »voller Lebensglück« auf Gras wälzt oder zu Hause auf dem Teppich hin und her reibt. Auffallend ist, dass Hunde dieses Verhalten verstärkt nach dem Rasenmähen oder nach Regen zeigen. Warum? Klarer Fall: Alte Markierungen müssen erneuert werden. Lassen Sie sich gesagt sein, die Welt ist böse und gemein, denn Wälzen bedeutet nichts anderes als defensives Markierverhalten. Menschen sprühen Parfum auf Hals (Schlagader) und Handgelenke. Durch die dort verlaufenden Blutgefäße ist eine weite Duftverbreitung wegen erhöhter Wärmeentwicklung garantiert. Durch das Wälzen des Hundes, meist über Hals und Schulter, hinterlassen diese also einerseits ihre persönliche Duftmarke, andererseits nehmen sie den Geruch der beanspruchten Ressource auf. Auch auf die Gefahr hin, dass Sie uns jetzt hassen, das Kopfreiben an Personen hat die gleiche Verhaltensgrundlage: Beanspruchen, Vereinnahmen und Ressourcen sichern, indem sie markiert werden.

Die unsinnigsten Hausregeln

Oh, wer hat nicht schon einmal von den sogenannten »Hausregeln« für Hund und Halter gehört: Der Hund wird erst nach dem Essen der Menschen gefüttert (also muss er hungern, weil Sie gerade Diät betreiben oder unregelmäßige Essgewohnheiten besitzen). Der Hund darf keinen erhöhten Liegeplatz haben (wir hoffen, dass Sie sich nie auf Ihren Fußboden legen müssen, um vielleicht etwas unter einem Schrank hervorzuholen oder einfach weil Sie mit einem Kleinkind spielen. Der Hund muss immer hinter seinem Menschen durch Türen gehen (wie geht das beim Aussteigen aus dem Auto?). Der Hund darf Sie nie anstarren (wo ist die Abgrenzung zu »angucken« und Kontakt aufnehmen« bzw. starren?). Der Hund darf nur von Ihnen »Spielzeug« bekommen und Sie beenden jedes Spiel (nur gut, dass Hunde gar nicht spielen). Der Hund darf nicht ins Bett oder auf das Sofa (ja stimmt, kennt er aus dem Wald ja auch nicht). Der Hund darf nicht im Weg liegen (stellen Sie ihm dann bitte auch Schilder auf). Weitere Regeln besagen: »Sie müssen konsequent sein, die Regeln müssen immer eingehalten werden, sonst wird bzw. bleibt der Hund dominant. Durch die Anwendung der Hausregeln können Sie Verhaltensprobleme schnell und dauerhaft lösen.« Gehen Sie ruhig kurz in Ihre Küche und bringen Sie eine Schere mit, damit wir Ihnen den aufgebundenen Bären abschneiden können. Nun mal ehrlich, wie viele Jahre praktizieren Sie das schon? Hat es irgendwann bestehendes Problemverhalten verändert? Und warum haben manche Leute überhaupt kein Hundeverhaltensproblem zu vermelden, obwohl sie sich an keine einzige dieser Hausregeln halten? Ganz einfach, weil diese Hausregeln völliger Unsinn sind. Hunde machen ihre Führungsqualitäten an völlig anderen Dingen fest, besuchen Sie uns zu einem unserer Seminare, dort erklären wir Ihnen gerne die Zusammenhänge.

Die wahren Wesenszüge einzelner Hunderassen

Haben Sie sich als Hundehalter einer bestimmten Rasse nicht auch schon gefragt, warum die Standard-Rassebeschreibung auf Ihren Hund wenig bis gar nicht zutrifft? Neben der Herkunft und der Geschichte der jeweiligen Rasse erhalten Sie in verschiedenen Fachbüchern noch eine Beschreibung zum Wesen des Tieres, unter anderem lesen Sie dort z.B.: »... ein robuster und kompakter Hund, ein angenehmer Begleithund, intelligent, verspielt, gutmütig und lernwillig« oder aber »vom Wesensbild her ausgeglichen, nervenfest, selbstsicher und absolut unbefangen« und vieles mehr. Insbesondere Hundehalter, deren Hunde Fehl- und Problemverhalten entwickelt haben, finden in diesen Wesensbeschreibungen leider nur selten Übereinstimmungen. Stattdessen berichten Hundehalter von Ängstlichkeit, Aggression, Lernresistenz, Unsicherheit, Kontrollverhalten, Hyperaktivität, Unruhe, Unaufmerksamkeit, genetisch bedingten Haut-, Fell- und Gelenkserkrankungen und vielem mehr. Ohne die Absicht, einzelne Rassen zu diskriminieren oder gar von der Anschaffung abzuraten, ist es jedoch wichtig, auch einmal eine andere Seite zu beleuchten, denn das Raubtier Hund ist in seinen Erbanlagen meist alles andere als »lieb« und schon gar nicht »verspielt«. Profitieren Sie von unseren Erfahrungen in der Problemhundetherapie. Wenn Sie Übereinstimmungen im Verhalten Ihres Hundes finden, ist dies kein Zufall, sondern die Realität, da alle bisherigen Rassebeschreibungen immer nur vom Idealbild ausgehen.

Deutscher Schäferhund

Starker Bezug zu Einzelpersonen, neigt zu massivem Kontrollverhalten, vereinnahmt Menschen, die Schwächen zeigen, häufig Beuteaggressionen, starkes Eigenleben, sensible Grundstruktur, mittelmäßige Auffassungsgabe, Triebfixierung, häufig Übersprungshandlungen, sehr schnell überfordert, im Zusammenleben mit Kindern nicht geeignet, da er diese oft nicht als übergeordnete Instanz akzeptiert, anfällig für Fell- und Gelenkerkrankungen, hohes Aggressionspotential bei niedriger Hemmschwelle gegenüber Menschen und Artgleichen.

Weißer Schweizer Schäferhund

Sehr häufig Überängstlichkeit und Unsicherheit, häufige angstaggressive Übergriffe auf Menschen und Artgleiche, bekannte Stoffwechselerkrankungen, neigt zu Apathien und Entwicklungsstörungen auf Grund psychischer Überforderung, Leerlaufhandlungen bekannt, entweder starke Unterwürfigkeit oder aktives Aggressionsverhalten mit Grundlage Angst, sensible Grundtendenz, mittlere Hemmschwelle.

Border Collie
Sensible Grundstruktur, hohe Geräuschempfindlichkeit, Schreckhaftigkeit, neigt zu Stereotypien, häufig Übersprungshandlungen und Ersatzhandlungen, Fersenbiss auf Grund des ausgeprägten Jagdtriebes, ängstlicher Grundcharakter, Allergieanfälligkeit, starkes Kontrollverhalten mit aggressiven Tendenzen, nicht als Familienhund geeignet, stark territorial-aggressive Veranlagung.

Weimaraner
Häufig Überängstlichkeit, starkes Eigenleben, Allergieanfälligkeit, neigt zu chronischen Augenerkrankungen durch die schwache Pigmentierung, sehr niedrige Hemmschwelle mit ausgeprägten Ersatzhandlungen, massiver Hetz- und Jagdtrieb, neigt zur inneren Unruhe, Territorialverteidigung, hohes Aggressionspotential gegenüber Menschen und Artgleichen.

Labrador
Geringe Individualdistanz, hohe Eigeninitiative, anfällig für Gelenkerkrankungen, mittlere Auffassungsgabe, unsensibel im Umgang mit seiner Umwelt, späte geistige Reife, massives Konfliktverhalten bei Stress.

Airedale Terrier
Niedrige Auffassungsgabe, sehr späte geistige Reife, Abhängigkeit zum Menschen kaum vorhanden, starkes Eigenleben, unaus-

geglichenes Temperament, bei Führungsanspruch des Menschen häufig lethargisch mit Auflehnung gegen Führung, hohe Neigung zu Ersatzhandlungen bzw. Leerlaufhandlungen und Übersprungshandlungen, wenig ängstlich, aber schreckhaft, verstärkte Beuteaggression.

Pudel
Ängstliche und scheue Grundtendenz, häufig schreckhaft, hohe und schnelle Auffassungsgabe, niedrige Hemmschwelle in der Konfrontation mit Artgleichen, hohe Individualdistanz, starke Auflehnung gegen Führung, starker Bezug zu Einzelpersonen, massives Kontrollverhalten.

Cockerspaniel
Mäßige Auffassungsgabe, niedrige Hemmschwelle, hohes Aggressionspotential gegenüber Menschen und Artgleichen, Gendefekt bekannt (Cockerwut), ausgeprägte Beuteaggression, starke Eigenständigkeit, neigt zu Ängstlichkeit gekoppelt mit Angriffstendenz, chronische Ohrenerkrankungen, Kontroll- und Markierzwang.

Jack Russel Terrier
Stark Ressourcen kontrollierend, häufig Ressourcenaggression, nicht als Familienhund geeignet, entwickelt sehr schnell Eigenleben, schwache Abhängigkeit zum Menschen, hohes Aggressionspotential, niedrige Hemmschwelle, starke Beuteaggression, starkes Kontrollverhalten.

Collie
Äußerst sensibel und schreckhaft, ängstliche Grundtendenz, entwickelt oft Angstaggressionen, wenig dynamisch, Veränderungen werden schwer etabliert, starke Abhängigkeit zum Halter,

gedämpfter Futtertrieb, anfällig für Augenerkrankungen, aufgrund der Geräuschempfindlichkeit kein Familienhund.

Zwergspitz

Ausgeprägtes Territorialverhalten, starkes Kontrollverhalten in Bezug auf Menschen, benötigt klare hierarchische Strukturen, ausgeprägte Ressourcenkontrolle bei minimalem Konfliktverhalten, Tendenz zur Unabhängigkeit, wenig Orientierung am Menschen, neigt schnell zu Ersatzhandlungen.

Husky

Organismus muss an ein Leben in der Kälte angepasst werden, niedrige Reizschwelle, hohe Triebenergie, häufig Ersatzhandlungen und Übersprungshandlungen. »Bewegungsfreude« oder »Lauffreude« müssen erst antrainiert werden und sind nicht angeboren, unsensibel seiner Umwelt gegenüber, starkes Konfliktpotential.

Neufundländer

Keinen direkten Bezug zu Wasser oder Wassersport, muss als Welpe an dieses Element herangeführt werden, sonst Ängste gegenüber dieser ihm angedichteten Affinität, sehr autark, weitgehend eigenständig, wenig Triebenergie bei hoher Reizschwelle, pflegeintensives Fell, bekannte Haut- und Fellerkrankungen, stark introvertiert, bekannte Apathien.

Mops

Achtung! Qualzüchtung, wenig Ausdauer, sehr häufig orthopädische Erkrankungen, häufig situativ überfordert, extremes Eigenleben, autarkes Verhalten, bekannte anatomische Behinderungen.

American Staffordshire Terrier

Sensible Grundlage, eher zurückhaltend, sofern nicht über Beute-

und Hetztrieb trainiert wird, keine übersteigerte angeborene Aggression, schnell überfordert, benötigt Sicherheit und Führung durch den Menschen, im aktivierten Trieb schwer zu kontrollieren, gute Unterordnungsbereitschaft, sehr gute Abhängigkeit zu Menschen, Triebe gleichmäßig ausgeprägt, wenig Lautäußerungen, selten Problemverhalten.

Magyar Vizsla
Sehr sensibel, neigt zur Hektik, extrem stressanfällig, daher hoher Bewegungsdrang, eher Einzelhund, braucht Führung und Sicherheit durch den Menschen.

Machen Sie sich bitte klar, dass alle Hunde die gleichen trieblichen Eigenschaften besitzen, egal welcher Rasse sie angehören. Zudem weiß ein Hund nicht, welche Rasse er verkörpert. Da wir Menschen aufgrund der veralteten Rassebeschreibungen jedoch schon im Welpenalter unbewusst einen Fokus auf bestimmte Verhaltenseigenschaften legen, kommt es häufig vor, dass Hunde innerhalb einer Rasse die gleichen Verhaltensweisen und Affinitäten entwickeln müssen. In diesem Zusammenhang wird oft die Frage gestellt, ob Hunde Rassisten sind? Angeblich wird beispielsweise ein Mops aufgrund seiner Röchel-Atmung »missverstanden« und von anderen Hunden »diskriminiert«. Das Atemgeräusch würde an »Knurren« erinnern und häufig Aggression bei anderen Hunden auslösen! Wir halten dazu fest: Wenn Hunde nicht einmal die menschliche Sprache verstehen können, sondern in erster Linie auf Körpersprache reagieren, wie kann ein Hund dann mehr Fokus auf die Akustik eines Mops legen als auf dessen Körpersprache? Wären Hunde wirklich Rassisten, dürften sich Schlappohrträger nicht mit Stehohrträgern und Ringelrutenträger nicht mit Stummelrutenträgern »verstehen«. Es existieren unsererseits keine Erfahrungswerte darüber, dass Hunde ihr Verhalten verändern, wenn sie auf behinderte Artgleiche treffen.

Gerüchte und Tatsachen zum Thema Hund

Gerücht ist: »Mein Hund folgt einfach nicht.«
Tatsache ist: Der Hund kann sich nicht selbst erziehen, wer falsch erzieht, ist der Hundehalter.

Gerücht ist: »Mein Hund tut niemandem etwas.«
Tatsache ist: Diese Annahme stammt vom Menschen, nicht vom Hund.

Gerücht ist: »Mein Hund versteht jedes Wort.«
Tatsache ist: Ja, aber nur die Worte, die er gelernt hat.

Gerücht ist: »Er hat eine Abneigung gegen Männer.«
Tatsache ist: Irgendjemand muss ihm das ja beigebracht haben.

Gerücht ist: »Ich kann meinem Hund das einfach nicht abgewöhnen.«
Tatsache ist: Man hätte es ihm gar nicht erst angewöhnen sollen.

Gerücht ist: »Mein Hund bleibt ohne Probleme 8 Stunden alleine.«
Tatsache ist: Es bleibt dem Hund ja nichts anderes übrig.

Gerücht ist: »Es genügt, dass mein Hund die 5 wichtigsten Befehle kennt.«
Tatsache ist: Ein Hund, der nicht lernen darf, ist ein bedauernswerter Hund.

Gerücht ist: »Mein Hund ist mir in vielen Dingen sehr ähnlich.«
Tatsache ist: Der Hund ist kein Ersatz für einen unerfüllten Kinderwunsch.

Gerücht ist: »Unser Hund wurde schwerhörig und musste eingeschläfert werden.«
Tatsache ist: Machen Sie sich keine Sorgen, auch Ihre Großeltern werden das verstehen.

Die unsinnigsten Aussagen über Hundeerziehung

Der Kleine hat noch Welpenschutz.
Unsinn, denn wo fängt dieser an und wo hört er auf?

Er ist nur aggressiv, weil er an der Leine sein muss.
Unsinn, er hat lediglich Ihre Aufgaben übernommen!

Wenn der Hund auf dem Rücken liegt, hört der Kampf auf.
Unsinn, warum verletzen sich Hunde dann trotzdem?

Der weiß genau, dass er was falsch gemacht hat.
Unsinn, würde er das wissen, würde er es nicht tun!

Man darf mit dem Hund immer nur 10 Minuten arbeiten.
Unsinn, ohne Zwang arbeiten Hunde stundenlang gerne!

Trainingsempfehlungen von Mitbewerbern

Hier einige Originalaussagen bzw. Therapie- und Trainingsempfehlungen von sogenannten Hundeexperten an hilfesuchende Hundehalter. Wir garantieren die Echtheit dieser Aussagen:

Wenn der Hund von seinem Platz im Wohnzimmer aufsteht, schreien Sie ins Badezimmer »Bleib«, damit Sie den Hund nur indirekt erschrecken!

Welpen, die fiepend vor Geschäften angeleint sind, sollen von jedem Passanten getröstet bzw. gestreichelt werden!

Wenn der Hund ängstlich ist, müssen Sie ihn eine Stunde alleine in einen total abgedunkelten Raum sperren!

Nach dem Alphawurf soll man den Arm um den Hund legen, damit er weiß, dass man wieder »gut Freund« ist!

Man soll vor den Augen seines Hundes Sex haben, damit dieser weiß, wer das Alphatier ist!

Bei Menschaggression muss der Hund ein Jahr lang einen Maulkorb tragen, der nur zum Fressen abgenommen werden darf!

Nehmen Sie beim Spaziergang einen Topf und einen Löffel mit und jedes Mal wenn der Hund was tut, was er nicht soll, rennen Sie laut trommelnd auf ihn zu!

Reagiert der Hund aggressiv, wenn man ihm versucht, sein Futter wegzunehmen, dann sofort mit dem Napf auf den Kopf schlagen!

Wenn der Hund an der Leine zieht, schmieren Sie sich frische Leberwurst auf die Hose, so bleibt die Aufmerksamkeit bei Ihnen!

Wenn Sie einem anderen Hund begegnen, dann drücken Sie den Schwanz Ihres Hundes an seinen Bauch, das nimmt ihm die Dominanz!

Wenn der Hund zu viel bellt, einen Haargummi um die Schnauze machen, weil dies den Schnauzenbiss der Mutter imitiert!

Wenn der Hund an der Sofalehne herumkaut, macht er das nur, weil diese aussieht wie ein Knochen, kaufen Sie sich ein anderes Sofa!

Wenn Ihr Hund einen Menschen gebissen hat, können Sie ihn nur noch einschläfern!

Wir bedanken uns bei den Kolleginnen und Kollegen des Hundewelten-Ausbilder-Teams für das Zusammentragen der »tollen Empfehlungen«.

Das Speechless-Dogtraining-System

S.D.T.S.® entstand aus der praktischen Arbeit mit dem Hund und dessen Problemverhalten. Es ist damit nicht das Ergebnis einer theoretischen-wissenschaftlichen Arbeit, sondern drückt in einfacher Form das aus, was wir beim Hund vorfinden und was der Mensch tun muss, um dem Hund die Chance für eine Änderung seines Verhaltens zu bieten. S.D.T.S.® ist markenrechtlich geschützt! Das Speechless-Dogtraining-System benötigt weder Sprache noch

S.D.T.S.

zusätzliche Hilfsmittel, sondern konditioniert den Hund mittels Körpersprache und Futter. Das 3-Punkte-System besteht aus: Einschränkung, Aufmerksamkeit und Antrieb. Problemtherapie nach S.D.T.S.® muss innerhalb weniger Stunden sichtbare Erfolge bringen. Warum? Weil die Art und Weise, wie ein Hund lernt, bei allen Hunden gleich ist. Auch ist das Ergebnis eines Lernprozesses immer gleich, denn am Ende steht der Erfolg oder der Misserfolg einer gezeigten Aktion. Wieso soll es also einen Unterschied machen, ob der Hund beim Klingeln zur Tür läuft oder auf seine Decke geht? So, wie er ersteres als erfolgreiches Verhalten abgespeichert hat, kann man ihm genauso schnell eine sinnvolle Alternative zeigen. Dort, wo der Hund an der Haustür für sein Verhalten bestraft wird oder mit unsinnigen Kommandos wie »Pfui« oder »Nein« korrigiert wird, versagen herkömmliche Methoden und Techniken, da dem Hund eine sinnvolle Verknüpfung fehlt. Fehlverhalten beginnt, wo Methoden und Hilfsmittel versagen. Es ist nicht wichtig, was der Hund tut, sondern »warum« er es tut! Zieht der Hund beispielsweise an der Leine, tut er etwas, was Sie ihm beigebracht haben. Suchen Sie nun nach einer Antwort auf die Frage: »Warum tut er das?«, werden Sie vielleicht eine Erklärung dafür finden. Die Lösung dafür, was er stattdessen tun soll, aber nicht. Haben Sie sich jemals gefragt, warum ein Hund etwas nicht tun soll oder was er stattdessen anders machen sollte? Solange Symptome und nicht Ursachen eines Problems korrigiert werden (Leinenruck, Richtungswechsel), wird es keinen langfristigen Trainingserfolg geben. Wo liegt die Ursache des Leineziehens? Dort, wo der Mensch nicht einmal den ersten Schritt nach vorne tun kann, ohne dass der Hund schon zwei gegangen ist. Wo andere mit unsinnigen oder gefährlichen Hilfsmitteln (Starkzwang) versuchen, den Hund mit Druck zu manipulieren, beginnen Hundewelten-Therapeuten schon im Ansatz und entziehen dem Hund für einen Moment die Grundlage seines Verhaltens. Gibt man dem Hund zwei Meter Leine, so wird er keine Chance haben, auch nur einen Moment neben Ihnen zu laufen. Reduziert man allerdings die Leinenlänge auf 20 cm und führt die Leine hinter dem Rücken, dann hat der Hund zunächst keine Möglichkeit mehr, nach vorne zu ziehen. Wir schaffen dadurch eine Situation, in der ein Hund keinen Fehler mehr machen kann, wir schaffen uns zudem eine Situation, in der wir Menschen positiv in unserem Verhalten dem Hund gegenüber bleiben können. Belohne ich nun das Nicht-mehr-Ziehen, statt das Ziehen zu bestrafen, hat der Hund zum ersten Mal die Möglichkeit, freiwillig nicht an der Leine zu ziehen, weil es für ihn sinnvoll ist, bei mir zu bleiben. Das klingt sehr einfach, ist es auch. Vielleicht zu einfach, denn Menschen haben gelernt, kompliziert zu denken, Hunde denken aber nun mal primitiv (nicht verwechseln mit dumm!). Was tut der Hund, der an der Leine zieht? Aus seiner Sicht ist es wichtig, als Erster an der nächsten Stelle, die kontrolliert werden muss, anzukommen. Und wessen Aufgabe wäre es in einem funktionierenden Mensch-Hund-Team? Die des Menschen, denn er trägt die Verantwortung dafür, was in seinem Revier geschieht, nicht der Hund. Übertrage ich dennoch dem Hund derartige Aufgaben, dann darf man sich nicht wundern, wenn er diese dauerhaft und konsequent übernimmt. Dies schließt dann mögliche Aggressionen gegen Menschen oder Artgleiche ein. Ein Hund, der entspannt an der Leine läuft, weil er es gerne und freiwillig tut, wird an der nächsten Ecke keinen anderen Hund angreifen. Wir sprechen bei S.D.T.S.® über Problemtherapie! Einschränkungen bleiben nicht für den Rest des Hundelebens bestehen, im Gegenteil. Hat der Hund gelernt, was wir von ihm möchten, bekommt er Stück für die Stück die komplette Leinenlänge zurück. Nur dann zeigt sich, was der Hund tut, wenn er wieder selbst zwischen Richtig und Falsch entscheiden kann. Sie haben schon richtig gelesen, der Hund entscheidet, nicht der Mensch. Oder anders ausgedrückt: Der Hund agiert, der Mensch reagiert. Was Sie dann am Ende sehen, ist ein Hund, der alle Freiheiten der Welt bekommt, denn er ist in der Lage, das Gelernte so weit umzusetzen, dass er sich in seinem Verhalten selbstständig kontrolliert. Ziel der Therapie nach S.D.T.S.® ist also das Etablieren von Neutralverhalten und im nächsten Schritt das Festigen von Alternativverhalten. Hier kommen die qualifizierten Therapeuten von Hundewelten ins Spiel, die den Dialog mit Hundebesitzern beherrschen und eines der effektivsten Therapiesysteme für Hund und Mensch vermitteln. Die Nachfrage nach qualifizierten Hundetrainern und kompetenten Problemhundetherapeuten steigt ständig. Wir sind deshalb bestrebt, ein flächendeckendes und international tätiges Team von Hundeexperten zu schaffen, das gemeinsam nach dem Speechless-Dogtraining-System S.D.T.S.® von Gerhard Wiesmeth arbeitet.

S.D.T.S.® … weil wir eine gemeinsame Sprache sprechen!

Wir bei Hundewelten setzen neue Maßstäbe in der Kynologie, führen althergebrachte, veraltete Erziehungsmethoden ad absurdum und lehren neue Wege in der Hundeausbildung. Wir zeigen effektive Wege in der Problemhundearbeit und überzeugen durch gewaltfreie Resultate. Vielleicht haben Sie sich schon über einige Ausbildungsinstitute für Hundeerziehung informiert und dabei festgestellt, dass es unzählige Trainingssysteme und noch mehr Ausbildungsmethoden gibt, deren Qualität oft zweifelhaft ist. Gerhard Wiesmeth war vor über 12 Jahren der erste Mensch, der Fehl- und Problemverhalten bei Hunden sprachfrei therapierte und daraus ein System formte. Heute gibt es viele Nachahmer, die vorgeben, sprachfrei (nonverbal) zu arbeiten, leider mehr Kopie als Original. Seit etwa 2 Jahren hört man von unzähligen Pionieren die

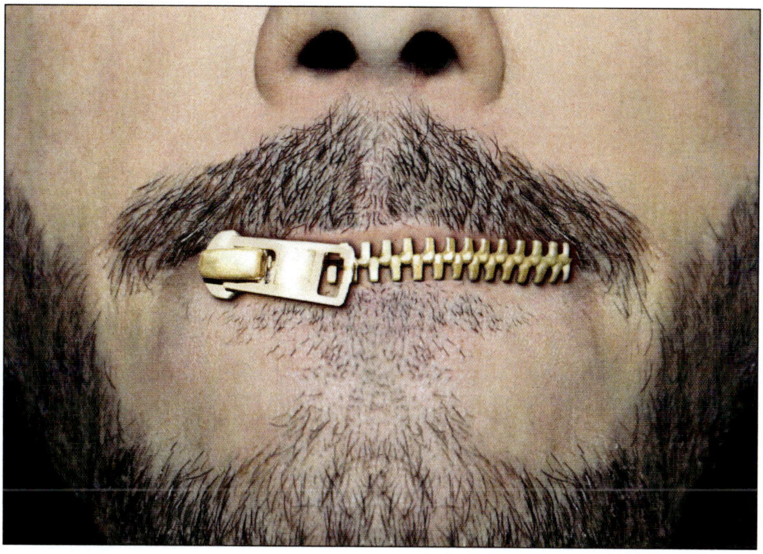

plötzlich vorgeben, schon immer sprachfrei mit Haushunden gearbeitet zu haben. Nun entweder haben diese Leute 10 Jahre lang in der Versenkung gearbeitet und ihr Wissen geheim gehalten, oder aber es sind Trittbrettfahrer. Letzteres ist wahrscheinlicher. Sprachfreie Kommunikation mit dem Hund nach Gerhard Wiesmeth ist einzigartig und verzichtet gänzlich auf Lautäußerungen sowie auf Handzeichen. Es ist eine körperaktive Kommunikation ohne Hilfsmittel, Zischlaute, Fingerzeichen, in die Hüfte zwicken oder sonstigem Unsinn. Die Hundewelten-Unternehmensgruppe unterhält ein Qualitätsmanagement-Team, welches ständig Sicherheit und Leistung sowohl der Therapeuten als auch der Dozenten überwacht. Hundewelten-Ausbildungen sind transparent und bieten Sicherheit im Hinblick auf die spätere Selbstständigkeit durch sinnvollen und leistungsorientierten Lernstoff. Sie erhalten im Gegensatz zu unseren Mitbewerbern eine preiswerte und dennoch umfangreiche Komplettausbildung.

Sie werden sich nun fragen, was das Besondere bei einer Hundewelten-Ausbildung ist:
Wir vermitteln das, was andere vergessen haben zu erwähnen, wir verfügen über ein international tätiges Ausbilderteam, wir haben eine Erfolgsquote von 97 % bei Problemfällen, wir unterrichten nicht nur Hunde, sondern auch die Hundehalter, wir arbeiten mit System und nicht mit Tipps und Tricks, wir wissen zwar nicht alles ... aber vieles, was andere nicht wissen!

Die Vorteile einer Hundewelten Ausbildung:
- Sie erhalten eine praxisorientierte Ausbildung, nicht nur Theorie.
- Sie erhalten innerhalb von 3 Monaten das nötige Wissen, um danach beruflich tätig werden zu können.
- Sie arbeiten mit einem nachweislich funktionierenden System, nicht mit Hilfsmitteln.
- Sie sind nach der Ausbildung nicht alleine, wir unterstützen Sie beim Aufbau Ihrer Selbstständigkeit.
- Sie profitieren von einem hoch qualifizierten Kollegenteam, egal welche Fragen Sie haben.
- Sie können jederzeit mit unseren Therapeuten über deren Erfahrungen sprechen, wir sind transparent.

Brauchen Sie noch mehr Gründe?

Die Vorteile für den Hundehalter:
- Der Hundehalter profitiert von gemeinsam erarbeiteten Lösungen.
- Der Hundehalter hat die Sicherheit von gleichbleibender Qualität und hohem Niveau.
- Der Hundehalter erhält eine wirklich praxisnahe Therapie, kein Geschwätz.

- Der Hundehalter konsultiert ein etabliertes Unternehmen, keinen No-Name-Therapeuten.
- Der Hundehalter kann zusätzlich weitere Experten wie z.B. Ernährungsberater konsultieren.

S.D.T.S.® – SPRACHLOS einfach – EINFACH sprachlos!

Um den Haushund und das, was ihn ausmacht, besser verstehen zu können, betrachtete Gerhard Wiesmeth mit seiner Frau unter anderem das Verhaltensrepertoire und die Kommunikation von Wölfen (Polarwölfe, Timberwölfe, Grauwölfe). Diese leben im Gegensatz zu unseren Haushunden vom Menschen weitgehend unabhängig. Sie versorgen sich völlig eigenständig und sind den Erwartungen, die wir an unsere Hunde stellen, nicht ausgeliefert. Wir Menschen erwarten vom Hund, dass er sich mit anderen Haustieren wie Katzen oder auch Nagetieren arrangiert, obwohl diese in sein Beuteschema fallen. Er muss sich mit fremden Artgleichen verstehen und sogar mit diesen »spielen«. Unsere Hunde sind angeblich nur dann zufrieden, wenn sie unserer Definition von Freiheit nach täglich viel Auslauf und jeden erdenklichen Freiraum zur Verfügung haben. Die Folgen für Hundehalter sind oft nicht absehbar. Der Hund wird unabhängig, es gibt keinen Grund für ihn, die Orientierung am Menschen zu suchen, da wir ihn mit Streicheleinheiten und Ressourcen wie Futter, Beute (Spielzeug) und Bewegungsspielraum überhäufen. Die Energie, welche aufgebracht werden müsste, um zu »spielen« oder sinnlos »herumzutoben«, würde in der Natur das Überleben des ganzen Rudels gefährden, speziell wenn es in Kampfsituationen um das Verteidigen von Nahrungsquellen oder Territorien geht. Dem Haushund sprechen wir den Drang zu Spiel

und Bewegung zu, ohne darüber nachzudenken, was es für ihn bedeutet. Die Reinform der wölfischen Kommunikation ist reduziert auf einfachste Körperaktionen. Wir Menschen haben verlernt, körperaktiv zu agieren, und setzen dagegen auf Verbalakrobatik sowie auf widersprüchliche Gestik und Mimik. Da sich der Wolf dank seiner Unabhängigkeit im Gegensatz zum domestizierten Haushund nie mit menschlicher Sprache, menschlichen Bewegungsmustern und menschlichen Schwächen auseinandersetzen musste, bestehen auch keine Konflikte beim Zusammentreffen von Mensch und Wolf. Unterordnung bei Hunden wie Wölfen verläuft entgegen der weit verbreiteten Meinung NICHT von oben nach unten, sondern von unten nach oben. Die genetische Bereitschaft zur Unterordnung bringen alle Hundeartigen mit sich. Ein Rudelführer übt nie Druck nach unten aus, er hat dies gar nicht nötig! Wenn wir nun Wolf und Hund verhaltensspezifisch gegenüberstellen, wird klar, warum Wolfsforschung nicht auf den Hund übertragen werden kann und die daraus resultierenden »Erziehungsmethoden« als fahrlässig und gefährlich eingestuft werden müssen. Ein sprachloser, gewaltfreier und körperaktiver Umgang, ein »Sichzurücknehmen« ist absolut notwendig, um sinnvoll und artgerecht mit unseren Haushunden umgehen zu können.

»Wir Menschen können viel von Wölfen lernen, aber noch mehr von den Raubtieren, die wir täglich an der Leine spazieren führen.« (Gerhard Wiesmeth)

In eigener Sache

Liebe Berufskollegen, Problemhundetrainer oder wie Sie sich sonst noch nennen. Wenn Sie schon S.D.T.S.® abkupfern und Texte eins zu eins bei uns kopieren, dann sollten Sie wenigstens den Wortlaut so verändern, dass keine Verwechslung mit Hundewelten entstehen kann. Es ist sehr traurig, dass Sie als angebliche Hundeexperten weder Eigenkreativität noch Eigeninitiative besitzen. Wir weisen darauf hin, dass jeglicher Plagiats- und Markenrechts- sowie Copyrechtsverstoß geahndet wird. Hin und wieder hören Sie von SDT, DTS, SDS, NDTS, KHTS, SHT, MDTS und Ähnlichem. Wir distanzieren uns hiermit ausdrücklich von diesen damit verknüpften Ausbildungsmethoden oder Systemen. S.D.T.S.® wird ausschließlich über Hundewelten und deren lizenzierte Therapeuten authentisch weitergegeben. Das Recht zur Lizenzierung liegt einzig bei Hundewelten Deutschland. Alle anderen Aussagen sind unrichtig. S.D.T.S.® wurde bereits 1999 entwickelt und ist somit ein etabliertes Hundeausbildungssystem. Weiterhin möchten wir die Kollegen, welche die Effektivität unseres Systems in Hinsicht auf die schnellen Erfolge kritisieren, bitten, einmal darüber nachzudenken, ob es sinnvoll ist, den hilfesuchenden Hundehaltern bis zu 100,– Euro pro Stunde abzuknöpfen, ohne wirkliche Aussicht auf Therapieerfolg? Es hilft weder Hund noch Hundehalter, unsinnige Fragebögen auszufüllen. Menschen mit Problemhunden über Wochen und Monate hinzuhalten, was man in 3 Tagen ebenso sinnvoll und effektiv therapieren kann, ist unseriös.

Kontaktadressen

DHW – Deutsche Hundewelten
Hundewelten Deutschland
Internet: www.hundewelten.de
E-Mail: info@hundewelten.de

Zum Schluss

Haben Sie Fragen an unsere Experten, wir informieren und beraten Sie gerne kostenlos telefonisch oder per E-Mail, nicht weil wir gerne umsonst arbeiten, sondern weil wir damit den Hunden helfen können, die als hoffnungslose Fälle von unseren Mitbewerbern als nicht mehr therapierbar deklariert wurden. Dank Hundewelten und deren Therapeuten leben viele dieser Tiere noch und zeigen keinerlei Problemverhalten mehr. Schreiben Sie uns Ihre Erfahrungen mit Hilfsmitteln oder Ihre Erfahrungen mit Methoden, Techniken, Tipps und Tricks von Hundeschulen, Hundetrainern und Hundeexperten. Unser Appell an alle Hundeexperten: Die Vergangenheit lässt sich nicht mehr ändern, aber durch die Erfahrungen der Vergangenheit kann man die Zukunft verändern.
Unser Appell an alle Hundehalter: »Im Fegefeuer der Kritik« oder »Schämen Sie sich nicht«. Viel zu oft bestätigen uns Hundehalter, dass es Überwindung kostet, sich bei Problemen mit dem Hund professionelle Hilfe zu holen. Die Gründe sind vielfältig: Scham vor Nachbarn, Freunden, Bekannten und Verwandten, falsche Rücksichtnahme auf bisherig gebuchte Hundeschulen und Trainer, Angst vor dem eigenen Versagen, kein bisheriger Erfolg bei der Umsetzung von Trainertipps oder Buchanleitungen etc. Das muss nicht sein! Ein guter Hundetrainer sollte wissen, dass sich vergangene Umgangsfehler mit dem Hund nicht ungeschehen machen lassen. Daher nützt es niemandem, wenn statt effektiver Trainingsanleitungen erst mal die verbale Keule zur Anwendung kommt. Nur die Zukunft kann verändert werden und hierzu hilft es nicht, Hundehaltern Vorwürfe zu machen. Sicher muss über bisherige Trainingsmethoden und verwendete Hilfsmittel gesprochen werden, oft sind diese Informationen wichtig zur Ursachenfindung des aktuellen Problemverhaltens, aber dennoch sind wir uns sicher, dass kein Hundehalter absichtlich Fehler macht oder seinem Hund schaden

will. Durch Unwissenheit und falsche Tipps von vermeintlichen »Experten« ist es doch überhaupt erst zum Problemverhalten des Hundes gekommen. Jeder Hundehalter, der sich bisher gemachte Fehler eingestehen kann, hat unseren Respekt verdient und muss sich nicht scheuen, Hilfe in Anspruch zu nehmen. Hinterfragen Sie kritisch vorgeschlagene Trainingsansätze, unser Buch befähigt Sie nun dazu. Wir dürfen niemals vergessen, dass wir mit einem intelligenten Lebewesen arbeiten und alle Hundetrainer und Verhaltenstherapeuten eine enorme Verantwortung tragen. Nur wenige sind sich dieser Verantwortung auch wirklich bewusst.

Mit hundenetten Grüßen
S. Weinrich, G. Wiesmeth – Hundewelten Ausbilderteam Deutschland
2008/2012

Gedanken zum Hundefachwirt

Von 2009 an wird ein Lehrgang angeboten, den es nach IHK-Angaben (Industrie- und Handelskammer) bundesweit nirgendwo sonst gibt: Tierfreunde aus ganz Deutschland können sich in Brandenburgs Landeshauptstadt zum Hundefachwirt ausbilden lassen. In 520 Unterrichtsstunden werden interessierte Menschen zum Hundefachwirt geschult. Es sollen nicht nur biologische Grundlagen, sondern auch Kenntnisse in Marketing und Betriebswirtschaft vermittelt werden. Die Kosten von mehr als 4400,– Euro scheinen nicht abzuschrecken. In Zusammenarbeit mit dem BHV (Berufsverband der Hundeerzieher), der den praktischen Unterricht übernimmt, versucht man hier kompetente Hundeerziehung und leider auch Problemtherapie zu vermitteln. Es wird mit Qualität geworben, wo keine Qualität ist. Einige Überlegungen: Der BHV ist ein Zusammenschluss bunt zusammengewürfelter Hundetrainer mit unterschiedlichster Qualifikation. Wo ist hier die Qualität und welche Inhalte mit welcher Grundlage werden vermittelt? Was hat Betriebswirtschaft mit kompetenter Hundeerziehung oder Problemtherapie zu tun? Wo ist das unabhängige Gremium, welches die Richtlinien kompetenter Therapeuten und Trainer festlegt, wenn der BHV den reinen Selbstzweck verfolgt? (Um zur IHK-Qualifizierung zugelassen zu werden, muss man Fördermitglied oder ordentliches Mitglied im Berufsverband der Hundeerzieher und Verhaltensberater BHV e. V. sein.) Wer profitiert wirklich von so einer Ausbildung und wer leidet letztendlich darunter? Seltsamerweise sind Praktika bzw. Praktikumsbetriebe ausschließlich Mitglieder des BHV. Welche Garantien hat der Hilfe suchende Hundehalter, dass hier sinnvoll, qualifiziert und vor allem hundgerecht gearbeitet wird? Welche Qualifikation haben die Dozenten und Referenten in Bezug auf die praktische Arbeit mit Hunden, außer der üblichen Hundeschulen-Erfahrung? Fazit: Um eine kompetente und qualifizierte Ausbildung im Bereich Hundeerziehung und Umerziehung zu gewährleisten, bedarf es schon mehr als der Gründung eines Verbandes mit völlig unbekannten Experten. Schade nur, dass sich die Institution IHK, bisher als unabhängig geltend, hier als Zugpferd benutzen lässt. Warum hat man als etablierte Institution vor Vergabe der Narrenfreiheit an den BHV nicht auch bekannte Ausbildungsinstitute wie Hundewelten über deren Meinung zum Thema befragt?

Feedback

Zu guter Letzt einige Feedback-Texte zu unserem kostenlosem Skript: »Die größten Irrtümer in der Hundeerziehung«, dem Vorläufer dieses Buches. Dies sind unbearbeitete Originaltexte!

Hallo Hundewelten-Leute, bin im Moment mit meinem kleinen Labrador-Jack-Russel-Mix (15 Wochen) in einer Hundewelpenschule. Und alles, was Sie in Ihrem Buch bemängeln, findet dort statt. Ich war heute zum 4. Mal dort und bin ganz unzufrieden und unglücklich, weil mein Kleiner bei der Masse von angeblichen Welpen (ca. 12 Stück, meiner ist der zweitkleinste), total ausrastet und mit nichts zu beruhigen ist. Ich möchte ihn in dieser Welpenschule nicht verderben lassen, z. B. mit Schnauzgriff, Runterdrücken usw. Das macht er sowieso nicht und wehrt sich nach Kräften. Man hat mir gesagt, dass der Hund sehr dominant sei und ich müsste strenger mit ihm sein.

Hallo, bin bereits seit einiger Zeit bei Hundewelten registriert, konnte eure Hilfe auch schon in Anspruch nehmen und war begeistert! Mit diesem Buch habt ihr echt den Vogel abgeschossen, das ist Klasse!! Auch mir wurde wieder bewusst, woran ich noch zu arbeiten habe, damit mein Labrador und ich uns noch besser verstehen, als wir es eh schon tun.

Hallo liebe Hundefreunde, ein riesengroßes Kompliment dafür, die Dinge beim Namen zu nennen und das in einer sehr ansprechenden, manchmal sogar humorvollen Art und Weise. Bin seit über 30 Jahren Hundebesitzer und habe auch schon allerhand Hundeerzieher u.ä. kennengelernt. Kurzfristig auch selbst mal auf einem Hundeplatz gearbeitet, aber dies aus mehreren Gründen schnell wieder aufgegeben. Ich habe sowohl Cocker, Airedale, Riesenschnauzer, Dackel, sowie Briards zu meinen Begleitern zählen dürfen, wobei mein armer Cocker unter meiner Unwissenheit sicherlich am meisten zu leiden hatte. Nein, im Ernst, ich denke, da jeder Hund ein Unikat ist, lernt man nie aus und das ist auch gut so, sonst wäre es ja langweilig. Da ich aber keine unerzogenen Hunde hatte, sie überall, ob zu Hause oder im Urlaub mitnehmen konnte, denke ich, dass ich nicht allzu viel falsch gemacht habe. Das hat mich auch dazu gebracht, nicht alles mitzumachen, was auf den Hundeplätzen verlangt wurde. Alles, was Sie geschrieben haben, findet nicht unbedingt meine Zustimmung, z.B. den Einsatz der Flexileine. Meine Briardhündin ist sehr folgsam und sehr auf mich bezogen. Ich kann sie frei laufen lassen und jederzeit abrufen, wobei sie freudig kommt, um ein Leckerchen und Lob abzuholen. Seit sie aber im Wald (sie lief direkt neben mir) ein Reh erbeutet hat, ist es in waldreicher Gegend, und die gibt es bei uns reichlich: nicht mehr möglich sie frei laufen zu lassen. Also tut hier die lange Leine wunderbare Dienste und ich kann sie bei einer Wildbegegnung oder wenn sie wittert und späht sofort heranrufen und kurz halten. Aber im Prinzip haben Sie natürlich recht. Es gäbe noch viel zu berichten, aber das würde den Rahmen hier sprengen. Also nochmals: Dankeschön und Glückwunsch zu Ihrem Buch: »Die größten Irrtümer in der Hundeerziehung«

Guten Tag! ich habe heute durch Zufall Hundewelten im Internet gefunden. Ich habe ja auch einen kleinen Hund und draußen hat er immer eine große Klappe gegenüber seiner Artgenossen und deswegen bin ich auf eure Seite gekommen. Ich finde diese Toll. Alles was ich bei Ihnen gelesen habe, leuchtet ein. Schön, dass es Euch gibt, nein wirklich, habe euer Buch über die größten Irrtümer gelesen und bekomme mein Grinsen nicht mehr aus dem Gesicht. Wer von Euch den Text verfasst hat, meine Hochachtung, so etwas schönes, Brillantes und klares habe ich schon lange nicht mehr gelesen. Natürlich bin ich auch persönlich befangen, da eine gute Bekannte einen PitBull hat, der Ihr so einige Sorgen bereitet. Ich habe den Hund erlebt bei einem kurzen Urlaub und liebe das Tier, Sorry. Ich werde mich in kürze eh melden und mehr berichten, wollte Euch aber erst mal danken dafür das ihr da seid.

Hallo Frau Weinrich, nach einiger Internetrecherche bin ich auf die Seite Hundewelten.de gestoßen und darüber auch zu Ihrem Link. Um es vorwegzunehmen, ich habe sowohl das kostenlose, als auch das kostenpflichtige Webskript heruntergeladen und mit großem Interesse gelesen und ich muss sagen, es war für mich eine Art »Offenbarung«. Vor allem ist mir bewusst geworden wie viele Fehler ich selbst bislang in der Haltung und Erziehung von Hunden gemacht habe. Ich habe mich vor ca. vier Jahren durch meine Lebensgefährtin zum Kauf eines Hundes breitschlagen lassen. Ich war zunächst gegen die Anschaffung, weil wir, aus meiner Sicht nicht ausreichend Zeit für einen Hund und insbesondere dessen Erziehung haben. Zu Beginn haben wir uns sehr viel Mühe mit dem Hund gegeben und darauf geachtet, dass er auf uns geprägt wird. Wir haben ihn überall mitgenommen, er hatte kontrollierten Kontakt zu anderen Hunden (wobei ich nach Studium der Skripte heute da auch einiges anders machen würde) aber auch zeitweise allein zu Hause gelassen. Er zeigte sich dabei wirklich unproblematisch. Im Verlauf der Zeit, und darüber ärgere ich mich heute besonders, haben wir unsere Verantwortung immer mehr an meine Eltern abgegeben … nicht selten auch aus Bequemlichkeit. Unser Rauhaardackel hat einen starken Fress-, Beute- und Stöbertrieb. Vor einigen Tagen zeigte der Rauhaardackel einem Langhaardackel deutliches Dominanzverhalten und es kam öfter zu Beißereien, die glücklicherweise ohne Folgen blieben. Ich war zunächst völlig hilflos, immer in dem Glauben, dass sich doch beide Hunde nun seit fast vier Jahren so toll akzeptiert hatten. Nach Studium der von Ihnen veröffentlichten Skripte, sehe ich dieses Verhältnis heute nicht mehr so entspannt. Wenn die Hunde in der Vergangenheit »spielten«, muss ich feststellen, dass es immer wieder zu Hetzverhalten und kleineren »Rangkämpfen« kam. Nachdem ich die von Ihnen beschriebene Methode ausprobiert habe, hat sich das deutlich verbessert. Ich lasse ihn jetzt auch erst mal nicht alleine und frei in den Garten, vor allem nicht mit anderen Rüden zusammen. Grundsätzlich habe ich das Gefühl, dass sich der Hund deutlich entspannt hat. Vorher war es häufig so, dass er beim Lösen völlig aufgeregt war und der Kot sehr dünn war. Er hat sich auch häufig übergeben, was ich auch nicht normal fand. Als wir damals mit ihm zum Tierarzt gegangen sind, hat dieser keine körperlichen Ursachen feststellen können und sagte uns damals schon, dass das stressbedingt auftreten könne. Ich bin mittlerweile der Meinung, dass das gezeigte Verhalten aber eher in unserer falschen Erziehung bzw. bislang nicht vorhandener Erziehung zu suchen ist, als in einer hormongesteuerten Problematik des Hundes.

Hallo, Auf der Suche nach einem Weg meine berufliche Orientierung in die Richtung Hundeerziehung oder auch besser gesagt Menschenerziehung umzulenken bin ich bei Ihnen gestrandet. Auch ich habe mir das Script heruntergeladen und mit Spannung durchgelesen. Mit jeder Seite mehr, bemerkte ich, wie sich meine anfängliche Abwehrhaltung abbaute. Wer gesteht sich schon gerne ein, bisher ziemlich falsch gelegen zu haben. Aber durch die klasse Beschreibungen und Beispiele kommt man sehr schnell da nicht mehr drum herum. So viele Gesten, die ich bisher falsch gedeutet habe … Alles in allem bin ich sehr begeistert von diesem Script. Der Anfang in eine bessere Ebene der Hund-Mensch-Beziehung. Danke :)

Hallo, ich bin durch Zufall auf diese Seite gestoßen und lese gerade (bin fast fertig) Die größten Irrtümer in der Hundeerziehung. Ich bin begeistert, wenn auch erschrocken und auch ein wenig beschämt. Ich habe einen 9-jährigen Labrador-Schäferhund-Mix (mit 4,5 Jahren bekommen) und einiges falsch gemacht. Ich bin vor einiger Zeit auf ein Hundeforum gestoßen, welches ich wirklich gut finde und aus dem ich auch viel gelernt habe (auch einige Fehler dadurch erkannt habe, die ich nun vermeiden kann). Allerdings werden dort auch immer noch Tipps gegeben, die laut ihrem Skript unsinnig sind, und ich gebe Ihnen recht! Beispiel Klicker: Sie kritisieren die Klicker genau nach meiner Denkweise (*etwas stolz guck*). Ich muss sagen, durch den Verdacht auf Bandscheibenvorfall bei meinem Hund (welcher sich Gott sei Dank nicht bestätigte) bin ich erst richtig auf meine Fehler aufmerksam geworden. Der Leinenruck (leider immer noch praktiziertes Mittel in renommierten Hundeschulen), war auch bei mir an der Tagesordnung. Bis ich mal ein Buch über den Bewegungsapparat des Hundes gelesen habe. Erschreckend. Ich weiß gar nicht, wie ich meinem Hund erklären soll, wie leid es mir tut. Ihr Skript ist wirklich super aufgebaut. Regt zum Nachdenken an, aber auch zu purer Wut, was Hunden angetan wird. Ich bin immer mehr dafür, dass Hundehalter eine Prüfung absolvieren sollten (mit vorherigem Lehrgang). Denn auch ich wusste vieles nicht, obwohl ich dachte, ich kenn mich mit Hunden aus. Ihre Seite habe ich nun bei meinen Favoriten gespeichert und ich werde mir wohl noch viele weitere Infos von hier holen. Vielen Dank! Ich hoffe, es gelangen noch viiiiieeeel mehr unerfahrene Hundehalter auf diese Seite! Bitte machen Sie weiter so! (und behalten Sie die Ironie bei, die bewirkt mehr als Ermahnungen!

Hallo, ich habe das Kopfhalfter bei meinem Husky-Mix benutzt, es wurde mir empfohlen von einem Hundetrainer. Mein Hund wurde aber nicht ruhiger, wenn andere Hunde an uns vorbei gingen, ich konnte ihn auch nicht an einer Seite damit halten, so dass er keinen Sichtkontakt mehr zum anderen Hund hatte. Im Gegenteil er hat sich sogar aus dem Kopfhalfter raus gezerrt, keine Ahnung, wie er das geschafft hat. Ich habe ihr Skript gelesen, und seit ein paar Tagen, geht mein Hund ruhig neben mir bei Fuß. (mit Leckerlie). Ohne Kopfhalfter. Ich war entsetzt, so viel falsch gemacht zu haben, allerdings habe ich auch schon 4 Hundetrainer gehabt, und jeder sagte oder machte was anderes. Der eine zog meine Hündin am Genick (habe 2 Hunde), das es mir fast das Herz gebrochen hat. Ich bin froh, dass ich Hundewelten gefunden habe, und dass es das Skript gibt. Ich möchte mich bei Ihnen bedanken, für die tolle Erfahrung, die ich mit Ihrer Hilfe gemacht habe.

Guten Tag, Ich besitze einen Blindenführhund, der mir eigentlich von Anfang an Probleme gemacht hat. Ich habe also zig verschiedene Sachen versucht um dem Hund sozusagen Benehmen beizubringen, teils aus Büchern, teils über Nachschulungen, aber leider ist es ja erstens so, dass es viele verschiedene Möglichkeiten gibt einen Hund zu erziehen, von denen die meisten offenbar nichts taugen und zweitens ist es so, dass die Krankenkassen, die ja die Hunde bezahlen, sich nicht dafür interessieren, ob das Gespann funktioniert und v. a. ob die Hundeschule gut ausbildet. So bin ich also schon seit mehreren Jahren auf der Suche nach einer Lösung und stieß dabei auf das Skript über Erziehungsirrtümer, welches ich mit großem Erstaunen, aber auch mit Entsetzen gelesen habe. Überzeugt hat mich die Tatsache, dass da vieles drin stand, das mir von meiner Führhundschule an die Hand gegeben wurde, was offensichtlich schlecht ist und nach meiner Erfahrung auch nichts gebracht hat.

Guten Tag, ich habe mit großem Interesse Ihre Seiten Die größten Irrtümer in der Hundeerziehung gelesen. Die Seiten waren sehr interessant und haben mir die eine oder andere Reaktion meines Hundes super erklärt. Vielen Dank. Was ich total schade finde ist aber Ihr scharfer Ton gegenüber anderen Hundetrainern. Natürlich gibt es solche und solche. Aber muss man(n) bzw. Frau denn SO gegen alle gehen. Ich selbst bin (nach Ihren Äußerungen – Gott sei Dank) kein Hundetrainer oder Ähnliches, sondern nur eine Rudelführerin. Ich denke Sie tun sich keinen Gefallen damit, so sarkastisch über andere zu schreiben – evtl. besuche ich einmal einen Kurs von

Ihnen, aber nur wenn Sie mit mir etwas höflicher umgehen als es in Ihrem Skript den Anschein erweckt ;). In diesem Sinne wünsche ich Ihnen und Ihrem Team alles Gute und dass Sie noch viele Rudelführer auf freundliche Weise bekehren.

Liebes Hundewelten-Team, ich habe gestern Abend den Bericht über Ihre Kollegin, Frau Stefanie Weinrich, gesehen und heute Ihr kostenloses Skript gelesen. Ich bin mehr als beeindruckt! Ich bin selbst keine Hundehalterin (auch aus dem Grund, dass ich bisher Hunde als unberechenbar gehalten habe, und zwar keine Angst, aber doch großen Respekt vor ihnen habe). Ich habe jedoch gute Freunde, denen Ihre Arbeit sehr dienlich sein wird. deshalb habe ich auch Ihre Seite bereits weiterempfohlen. Ich komme aus Griechenland und dort wäre Ihre Arbeit schon gleich für zwei mir sehr nahestehenden Hundehalter von GRÖSSTER Bedeutung. Gestern Abend habe ich sogar daran gedacht, Sie, beim nächsten Besuch meiner Leute aus GR, zu beauftragen. Auf jeden Fall ist Ihre Arbeit für ein Land, wie GR, in dem Hunde, wenn sie gehalten werden, dieses wahrscheinlich alles andere als argerecht vor sich geht (zumindest denke ich oft, dass das unmöglich argerecht sein kann..), die Besitzer Ihre Vierbeiner aber wirklich sehr lieb haben, äußerst wichtig. Ich möchte Ihnen deswegen, ans Herz legen, darüber nachzudenken, Ihre Arbeit auch in andere Länder zu bringen, wie z.B. Griechenland :-) Da ich Sprachendienstleistungen anbiete, würde ich Ihnen auch gern ein gutes Angebot für die Übersetzung Ihrer Seite/ Skripte etc. in GR anbieten und Sie auch sonst sehr gern sprachlich dabei unterstützen! Auf jeden Fall, werde ich mich weiter mit Ihrer Arbeit befassen, und denke nun auch, dass ich meinen Kindern den langersehnten Wunsch, eines »Familienhundes«, vielleicht erfüllen kann.

Hallo, ich habe heute durch Zufall Hundewelten im Internet gefunden. Und ich habe amüsiert und interessiert ihre tollen Artikel zu den Irrtümern in der Hundeerziehung gelesen. Ich war begeistert, denn ich fühle mich in meinem Umgang zu meinem Hund bestätigt, obwohl ich vieles falsch gemacht bzw. gedacht habe. Dennoch bin ich mit allem, was sie dort verfassten einstimmig. Ich habe einen Jackrussel-mix, temperamentvoll. Ein ewig an der Leine ziehenden Hüpfehund, der sich mit allen Lebewesen super verstand und nie Probleme hatte, der aber dann leider zweimal ganz böse Erfahrungen mit anderen Hunden machen musste, die nicht angeleint waren. Er wurde von zwei Schäferhunden fast zerfleischt ohne dass das sogenannte Frauchen auch nur versuchte einzugreifen und ich bin auch nur knapp Verletzungen bei diesem überfall entkommen. Mein Hund ist seit diesen zwei Überfällen sehr aggressiv gegenüber anderen Hunden und auch ich habe Angst, es könnte uns so etwas wieder passieren. Mein Hund musste am Schenkel operiert werden. Seitdem gehe ich gern allen Hunden, die ich schon von Weitem sehe, aus dem Wege, noch bevor mein Hund sie wahrnimmt. Er macht einen geradezu gefährlichen Eindruck bei allen anderen normalen Hundehaltern, die mich immer mitleidig oder pikiert anschauen. Ich wünsche ihnen viel Erfolg und hoffe, dass Sie viele Hundehalter im Internet haben, die sich diese tollen Seiten anschauen. Mit vielen Grüßen.

Ich habe mit viel Freude und Reue ihren Text gelesen. Manches oder vieles habe ich falsch gemacht und einiges richtig. Doch ich muss noch lernen und die Gelegenheit habe ich im Mai dazu. Lachen musste ich auch viel und bin in Bezug auf ALLE HUNDE WOLLEN NUR SPIELEN total ihrer Meinung. Ich ärgere mich viel über Hundebesitzer die ihre Hunde nicht anleinen wenn ich spazieren gehe. Oder am Hundeturnier immer der Ansicht sind ihr Hund tut nichts und mich und meinen Hund in eine Stress-Situation bringen. Eine Geschichte dazu erzähle ich ihnen: Mein Hund und ich machen Agility. Am Turnier kommen viele Hunde in den Zeltlagern zusammen.

In meiner Vereinsgruppe gibt es fünf Rüden und vier Hündinnen und alle sollten sich frei im eingezäunten Zeltlager bewegen können. Nun ist aber mein Hund neu dazugekommen und da er nicht verträglich mit den anderen Rüden ist, habe ich abseits mein Lager aufgeschlagen. Nun kam der Ratschlag ich soll meinem Hund einen Beißkorb draufgeben und ihn dann ins Rudel geben!! Ich habe es natürlich nicht gemacht. Das ist ein Ratschlag einer Hundehalterin, die schon lange Hundesport betreibt.

Guten Tag, mit Interesse habe ich Ihre Internetpräsenz angeschaut und die Größten Irrtümer in der Hundeerziehung gelesen. Schockiert war ich darüber, was ich alles falsch mache. Ich habe einen Mischlingswelpen aus dem Tierheim. Der Hund ist jetzt 4 Monate alt und wir haben noch keine großen Probleme. In der Welpenschule waren wir bisher nur zweimal. Dort hatte ich immer ein ganz komisches Gefühl und gemerkt, das mein Hund sich dort nicht wohlfühlt. Richtig erleichtert und froh ist er gewesen, als wir den »Rückzug« angetreten sind. Ein zweiter Versuch mit einer privaten Hundegruppe im Gelände verlief auch eher bescheiden, so dass ich das Ganze dann abgebrochen habe, und zwar aus den von Ihnen im Text auch angeführten Gründen … es waren meist Welpen, die älter und größer waren und es ging für meine Begriffe völlig unkontrolliert ab. Ich bin nach der Lektüre von Ihnen in mich gegangen und habe einmal wirklich nachgedacht über das, was ich mit meinem Hund da betreibe. Ich lobe ihn sehr viel und auch den Futtertrieb mach ich mir zu nutzen, indem ich ihn sehr oft belohne. Den Tipp mit der Leine muss ich noch konsequenter anwenden und auch, das ich als Rudelführer immer vorneweg laufe und nicht er die Vorhut ist. Das klingeln an der Tür gleich auf die Decke bedeuten kann, wenn man es nur richtig angeht, hat mich in Begeisterung versetzt. Ich habe soviel gelesen und soviel für unsinnig gehalten und doch immer wieder gedacht, die Leute (Experten) müssen es ja wissen und sicher liege ich falsch. Den Schnauzengriff sollte ich beim einträufeln von Augentropfen anwenden … zum Schluss lag der Hund unter der Eckbank und hat meine Hand angestarrt. Das ist jetzt wieder ausgestanden, ich habe es seitdem nie wieder gemacht. Auch das Genickrütteln wurde mir empfohlen und ich hatte ein sehr schlechtes Gewissen dabei, obwohl höchstens dreimal angewendet. Ich verabscheue Gewalt. Da in meinem Mischlingswelpen ausschließlich auch große Hunderassen sind (Bernersennen, Schäferhund, Rottweiler und Boxer) ist ein stressfreies Miteinander von äußerst großer Bedeutung – finde ich. Ich würde so gern eine kompetente Hundeschule besuchen oder auch Einzelunterricht besuchen. Mein Hund ist noch klein und sicher hat er gute Chancen artgerecht von mir, wenn ich es nur richtig weiß, behandelt zu werden. Leider weiß ich nicht, wo in meiner Umgebung ich einen Hundetrainer finden kann. Ich würde so gerne wollen, dass einfach jemand sich das mal ansieht, mir Tipps geben kann und mir sagen kann, was ich alles falsch mache. Alles was ich bei Ihnen gelesen habe leuchtet mir ein.

Hallo!
Ich musste Ihnen jetzt spontan nach der 37 Seiten Lektüre »Irrtümer Hundeerziehung« meinen Eindruck schreiben. Ich bin einfach begeistert, mit welcher Klarheit sie über die Probleme sprechen, die man oft bei Hund und Halter beobachten konnte. Da ich ja überhaupt keine Vorkenntnisse in Hundeerziehung habe bin ich froh, dass ich nicht an vermeintliche Experten gelangt bin die mir und dem Hund etwas Falsches beibringen konnten oder Schaden zugefügt haben. Dieser Traum einen Hund als Begleiter im Leben zu haben ist schon lange da, aber mein Verantwortungsbewusstsein und das Unwissen oder Halbwissen von anderen hat mich immer davon abgehalten meinen Kopf durchzusetzen und es auch zu »probieren« auf Kosten des Hundes. Wie froh bin ich, das es so eine Art der

Hundeerziehung wie Sie sie anwenden überhaupt gibt und ich Ihre Seite im Internet gefunden habe. Noch dazu freue ich mich, dass ich den Mut hatte Sie um Rat zu bitten und Sie mich auch noch telefonisch am selben Tag!! zurück gerufen haben. Sie helfen meinem Traum auf die Pfoten und ich lerne auszuschließen was auch in der beruflichen Umorientierung nützlich ist oder eher »Humbug« wenn ich dem Bereich tätig werden möchte. Es war sicherlich nicht das letzte mal, dass ich die Seite Hundewelten anwähle und ich forsche erst einmal weiter wohin es mich zieht. Aber Sie haben einen tollen, bleibenden Eindruck hinterlassen. Super Arbeit, die Sie dort leisten im Auftrag des Tierschutzes und miteinander Leben mit Tieren. Echt klasse! Machen Sie weiter so.

Liebes Team von Hundewelten
ich hab Ihr Buch gelesen, konnte es vor lauter Begeisterung nicht mehr aus der Hand legen! Das ist alles so zutreffend und logisch, vieles sah ich als Laie (»nur« Hundebesitzer und- Liebhaber) immer schon ähnlich, ich bin total beeindruckt und sprachlos. Ich habe Langhaarcollies, besitze seit Jahren immer wieder Collies und habe eigentlich als Laie auch immer mit leiser Sprache und Körpergestik versucht, zu arbeiten, bzw. zu erziehen. Als Mutter zweier Söhne, weiß ich, dass Konsequenz und Geduld auch bei Hunden helfen. Ihre Aussage, was Stubenreinheit angeht »man stupst ja auch die Nase des Säuglings nicht in die volle Windel …« trifft genau das, was ich immer dachte. Meine Kira, jetzt 4 Monate alt, ist mit Geduld und genauem Beobachten ihrer körperlichen Signale problemlos sauber geworden. Die Welpen zeigen an, wann sie müssen! Man muss nur beobachten und danach handeln. Ihre Aussage zu Clickertraining und diesen vielen »Hundepäpsten« im Fernsehen, einfach genial. Warum diese ganzen unsinnigen Hilfsmittel? Der Hund möchte mit seiner Bezugsperson zusammen »arbeiten«. Großes, großes Kompliment zu dem Buch!! Bin restlos begeistert. Bin am Überlegen, ein-

mal ein Seminar bei Ihnen zu machen. Werde gaaaanz viel Werbung für Ihr Buch machen. Wenn jeder diese Grundsätze und Theorien beherzigen und mit seinem Hund danach leben würde, gäbe es weniger traurige und abgeschobene Hundeexistenzen bzw. weniger sogenannte Problemhunde im Tierheim.

Natürlich möchten wir Ihnen auch die negativen Feedbacks nicht vorenthalten … bilden Sie sich bitte selbst ein Urteil über den Inhalt. Von Hundewelten gibt es hierzu: no comment!

E-Mail: zu Stefanie Weinrich und Ihrer Handlangerin habe ich einiges zu sagen. Einem Tier, Hund, Gefühle abzusprechen und Ihn dann auch noch fälschlicherweise als »egoistisches Raubtier« (egoistisch ist übrigens eine rein menschliche Eigenart und nicht übertragbar auf Tiere) zu betiteln, welches ohne Emotionen sein soll, zeugt davon, dass hier Fachidioten am Werk sind, welche Ihre Weisheiten von irgendwelchen selbsternannten Fachleuten und Ihren überflüssigen Lektüren erworben haben. Einen domestizierten Hund mit seinen Urahnen zu vergleichen ist lächerlich. Unsere Hunde sind im Vergleich zu Wölfen »Welpen!«. Ein Hund ist in manchen Fällen ein Jäger! aber bestimmt kein Raubtier! Noch dazu sind Wölfe in jedem Fall als sozial anzusehen, was ein ja nur auf Menschen anzuwendendes »egoistisch« ausschließt. Zu dem absprechen von »Freude« beim Schwanzwedeln, muss ich den Damen sagen, dass es genau wie bei Menschen, unterschiedliche Arten von Schwanzwedeln gibt. Kluge Fachleute (und die wirklich!) haben beobachtet, dass es Unterschiede gibt!!!! (wie auch der Mensch aus unterschiedlichen Motiven die Zähne fletscht und ein »Lächeln« zaubern kann. Ich habe über Jahrzehnte Tiertrainer beobachtet. Einige haben im Laufe der Zeit dazugelernt und den Hund als das Kennengelernt was er im Grunde seiner Seele ist!!! Ein emotionales

Geschöpf, welches sehr sensibel auf unser Einwirken reagiert und sich dabei Entwickelt. Ihnen ist dieser Reifeprozess zu wünschen. Im Interesse der Lebewesen, mit denen Sie sich beschäftigen. Im Namen aller Hunde.

E-Mail: Tja, nun habe ich mir 2 Stunden lang den Download zum Thema Fehler in der Hundeerziehung reingezogen und bin so schlau wie vorher. Stimmt nicht, ich weiß jetzt was alles falsch gemacht wird, aber leider nicht wie es richtig funktioniert. Sehr frustrierend.

E-Mail: Als ich »Die größten Irrtümer der Hundeerziehung« entdeckt und gelesen habe, hat es mich doch ziemlich aus den Socken gehauen. Wie sie über bewährte Erziehungsmethoden wie Clickern und den Futterdummy herziehen, darüber kann man ja noch hinweg sehen, aber was sie unter der Rubrik: »Die wahren Wesenszüge einzelner Hunderassen« verbreiten, ist dezent ausgedrückt eine große Frechheit. Ohne die, durchaus vorhandenen, Defizite meiner Cockerspaniel kleinreden zu wollen, aber einer Rasse grundsätzlich mäßige Auffassungsgabe zu unterstellen, ist wirklich eine Unverschämtheit, wie sie mir lange nicht untergekommen ist.